確率統計序論 第三版

道家暎幸・土井　誠・山本義郎 著

東海大学出版部

An Introduction to Probability and Statistics, 3rd edition
by H. Douke, M. Doi and Y. Yamamoto
Tokai University Press, 2016
ISBN978-4-486-02124-7

まえがき

本書は，初めて統計学を学ぶ人，全く確率・統計の予備知識をもたない社会人，学生に向けて書かれた入門書である．自然科学，社会科学，情報科学を学ぶ人に対応した内容にまとめられている．

近年，情報化が進み，統計学の重要性がさまざまな分野で広く認識されるに至っている．それに伴い，多数の教科書，参考書，演習書が出版されている．しかし，そのほとんどが，大学の講義で週1回通年，あるいは，週2回半期向きに相当する内容であり，学習内容も多岐にわたっているため，すべてを短期間に理解吸収するのは困難と思われる．

現在，多くの大学で，半期完結型授業が導入されつつある．統計学の基礎や背景を一通り理解するために，従来のテキストにおいては，どこにウェイトを置いて学ぶかを選択するかが，極めて難しいであろう．

本書は，近代統計の統計的推測（標本分布，推定，検定）を視野に入れ，その準備となる確率，確率分布をできるだけ簡潔に学べるように考慮した．離散型，連続型の確率分布の意味をしっかり理解した上で，代表的な確率分布である二項分布，正規分布のみを解説するに留めた．これより，統計学の基本事項を一通り網羅し，読者にとって読みやすい表現を用いることに心がけた．また理解を確実にするため，平易な例題を設け，各章末の演習問題は，本文説明と例題に関連させて，基礎力を確認できるよう考慮し，精選したつもりである．巻末には，解答・解説がついており，自学自習でも一通りの理解ができるように構成されている．

本書は，以上の主旨で2002年に第1版第1刷を発行して以来，2007年までに第5刷を重ね，確率統計の教科書としての役割を果たしてきた．しかし，以前より表記法や記号の不統一，文章表現の不適切な箇所を，多くの読者からご指摘いただき，また応用上の観点から，2母集団の差の検定等を追加して2008年に第二版を刊行した．しかし，改訂版が出版されて以降8年を経過し，更に読者が読みやすいように記号の統一や不備な箇所を改め，充実をはかる目的で，大幅な修正の必要があると感じ，改訂を行うこととした．

本書により確率・統計に興味をもち，さらに学ぶ意欲をもつことができた方は，東海大学出版会から刊行されている『統計学序論』を，そして同会から2001年に刊行したより高度の『多変量解析序論』へと学び進んでいただくことを願って止まない．

この第三版を刊行するにあたっては，多くの読者から適切なご指摘・ご批判をいただいたことを心から感謝したい．また，校正にあたっては，日々の研究で多忙にもかかわらず協力してくれた，東北メディカル・メガバンク機構の中村智洋氏に感謝の意を申し上げたい．また，本書の刊行にあたっては，東海大学出版会の小野朋昭氏に深甚なる謝意を表すものである．

2016年9月

著者

目次

第1章 資料の整理

1.1　度数分布表

自然現象・社会現象や住民の意識等を知りたいとき，調査，実験を行ったり，既存の資料を調べたりする．

ある小学校1年生の身長，体重，性別，学校での満足度を知りたいとき，それぞれの児童について調査し，**統計資料**（statistical data，**データ**）を得る．このとき，調査の対象となる**集団**は小学校であり，その集団を構成する**個体**は児童である．身長，体重のように数量的な**特性**を**変量**（variate）といい，性別，学校での満足度のように質的な**特性**を**属性**（attribute）という．これらのデータを量的データ，質的データ（カテゴリーデータ）という．身長，体重のように測定値が実数で表されるものを**連続変量**（continuous variate）といい，人数，物の数のように整数でしか表せないものを**離散変量**（discrete variate）という．

我々は，得られた統計資料を整理し，資料の特徴をわかりやすくまとめることが大切である．それは，得られた資料を整理するため**度数分布表**（table of frequency distribution）を作ることから始め，それをもとに**ヒストグラム**（柱状図）を作成して視覚的に資料の分布（形状）を把握し，さらに資料の分布の特徴を数量的に表すため代表値，散布度などの指標を求める．

資料 ⟶ 度数分布表 ⟶ 図的表現（ヒストグラム） ⟶ 数的表現（指標）

1.1.1　度数分布表の作成

n 個のデータ x_1, x_2, …, x_n を得たとき，度数分布表の作成手順を次に示す．

(1)　このデータの中で最小値と最大値を見つける．ここで，最小値を a_0, 最大値を a_n とする．

(2)　データを分類するため，**級**の数 k を決める．

$a_n - a_0$ を k 等分し，分点を a_1, a_2, …, a_{k-1} とする．k が大き過ぎると分布全体の特性が表しにくく，小さ過ぎると部分的な特性が消されるが，データの大きさ (個数) n に関連して定める．明確な決まりはないが，目安として，級の数 k は

n が 50 前後のとき $5 \leqq k \leqq 7$

n が 100 前後のとき $7 \leqq k \leqq 10$

n が 100 以上のとき $10 \leqq k \leqq 20$

くらいにとると，特徴が見やすいといえよう．

(3)　級は $a_0 \sim a_1$, $a_1 \sim a_2$, …, $a_{k-1} \sim a_k (a_k = a_n)$ で表される．ここで第1の級 $a_0 \sim a_1$ の a_0 を級下限界，a_1 を級上限界，またはこれらを単に**級限界**といい，他の級についても同様に呼ぶ．級限界を決めるとき，全てのデータがどの級に属するかを明確にするため，データの値より1桁下の値を取ることもあるし (表1.3)，例題1.1の度数分布表の様に級を20以上～30未満などと表わすこともある．また第 i の級の**級間隔**を $a_i - a_{i-1} (i = 1, \cdots, k)$ で表す．実際には，級間隔および級限界は度数分布表で見やすいように数値を四捨五入したり，見やすい数値に丸めて調整して使用するとよい．

(4)　各級の**級代表値**を求める．第 i の級代表値は次の式で与えられる．

$$x_i^* = \frac{a_i + a_{i-1}}{2} \qquad (i = 1, \cdots, k)$$

(5)　各級に属するデータの数 $f_i (i = 1, \cdots, k)$ を**度数**といい，度数とその合計 $n (n = f_1 + f_2 + \cdots + f_k)$ を求める．

表1.1　度数分布表

級	級代表値 x^*	度数 f
$a_0 \sim a_1$	x_1^*	f_1
$a_1 \sim a_2$	x_2^*	f_2
⋮	⋮	⋮
$a_{i-1} \sim a_i$	x_i^*	f_i
⋮	⋮	⋮
$a_{n-1} \sim a_n$	x_k^*	f_k
合計		n

1.1.2　ヒストグラムの作成

いま，中学1年生100人の英語のテストの得点が表1.2に示されている．表1.3は表1.2のデータを度数分布表にまとめたものである．さらにその度数分布表に対する柱状グラフ（**ヒストグラム** (histogram)）が図1.1に示される．

また図1.1のヒストグラムの k 個の点 $P_i(x_i^*, f_i)$ $(i=1, \cdots, k)$ を直線で結んだ**度数折線**も同時に示す．

表1.2　100人の英語のテストの得点

20	29	83	50	33	44	41	60	66	74
38	83	46	33	77	57	50	77	73	61
41	15	39	45	56	67	63	86	84	84
54	50	59	58	63	70	78	50	64	59
63	75	63	60	76	89	85	62	68	75
77	68	78	79	87	65	63	77	72	61
87	30	24	80	67	61	70	30	71	64
99	94	37	31	37	71	71	69	63	56
17	41	46	47	76	61	87	51	73	69
34	31	53	24	50	77	68	62	56	76

表1.3　英語のテストの度数分布表

級	級代表値	度数
9.5～19.5	14.5	2
19.5～29.5	24.5	4
29.5～39.5	34.5	11
39.5～49.5	44.5	8
49.5～59.5	54.5	15
59.5～69.5	64.5	25
69.5～79.5	74.5	22
79.5～89.5	84.5	11
89.5～99.5	94.5	2
合計		100

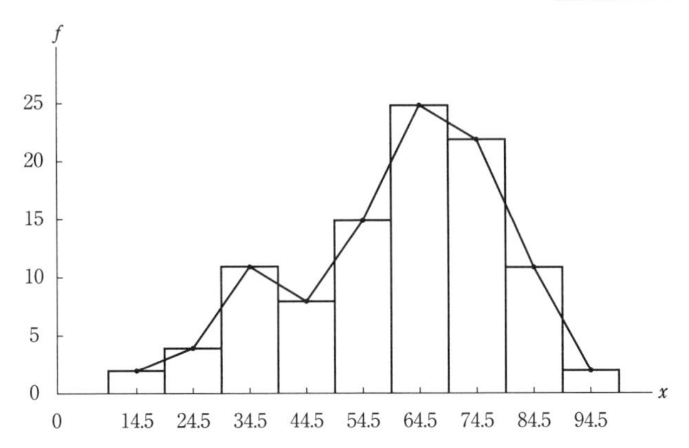

図1.1　英語のテストのヒストグラムと度数折線

1.2　代表値と散布度

度数分布表やヒストグラムによって，データの分布を視覚的に捕えた．さらに，データの分布の中心的な位置，分布のバラツキの大きさを数量（指標）によって表すことが大切である．データの分布の特徴を数量的に表す尺度として代表値と散布度について述べる．

1.2.1　代表値

データの分布の中心的な位置を表す量を**代表値**という．代表値のうちで平均値，中央値について示す．

(1)　平均値

算術平均または**平均値** (mean) について述べる．

(i)　データ $x_1, x_2, \cdots, x_n$ のとき，平均値 $\bar{x}$ は次の式で定められる．

$$\bar{x}=\frac{x_1+x_2+\cdots+x_n}{n}=\frac{1}{n}\sum_{i=1}^{n}x_i \tag{1. 1}$$

(ii)　k 個の級に分けて，その級代表値を $x_1^*, x_2^*, \cdots, x_k^*$ としたとき，

$$\bar{x}=\frac{x_1^*f_1+x_2^*f_2+\cdots+x_k^*f_k}{n}=\frac{\sum_{i=1}^{k}x_i^*f_i}{n}=\frac{1}{n}\sum_{i=1}^{k}x_i^*f_i \tag{1. 2}$$

ここで，$n=f_1+f_2+\cdots+f_k$ である．

また，x_1 が f_1 個，x_2 が f_2 個，…，x_k が f_k 個あるときは，式(1. 2)と同様に平均値を求める．これを**加重平均**という．

(2)　中央値

n 個のデータ $x_1, x_2, \cdots, x_n$ を小さい順に並べたものを次のように表す．

$$x^{(1)}\leqq x^{(2)}\leqq\cdots\leqq x^{(n-1)}\leqq x^{(n)}$$

このとき，中央の値を**中央値** (median) といい $\tilde{x}$ で表す．

n が奇数のとき，中央値 $\tilde{x}=x^{((n+1)/2)}$

n が偶数のとき，中央値 $\tilde{x}=\frac{1}{2}(x^{(n/2)}+x^{(n/2+1)})$　(1. 3)

で与えられる．

1.2.2　散布度

データの分布のバラツキの程度を表す量を散布度といい，よく用いられるものとして，分散，標準偏差がある．

分散，標準偏差

(i)　データ x_1, x_2, $\cdots$, x_n のとき，**分散** (variance) s^2 は次式で定められる．

$$s^2=\frac{(x_1-\bar{x})^2+(x_2-\bar{x})^2+\cdots+(x_n-\bar{x})^2}{n}$$

$$=\frac{1}{n}\sum_{i=1}^{n}(x_i-\bar{x})^2 \tag{1.4}$$

s^2 が小さいとき，データは $\bar{x}$ の周りに密集し，バラツキが大きいと s^2 の値は大きくなる．また分散は次のように表わせる．

$$s^2=\frac{(x_1-\bar{x})^2+(x_2-\bar{x})^2+\cdots+(x_n-\bar{x})^2}{n}$$

$$=\frac{1}{n}\sum_{i=1}^{n}(x_i-\bar{x})^2=\frac{1}{n}\sum_{i=1}^{n}x_i^2-(\bar{x})^2 \tag{1.5}$$

この式で $\bar{x}$ が割り切れない数になるとき，有効数字を多めにとり，計算誤差を小さくする必要がある．**標準偏差** (standard deviation) は次式で与えられる．

$$s=\sqrt{s^2} \tag{1.6}$$

(ii)　級に分けられたデータのとき

$$s^2=\frac{1}{n}\sum_{i=1}^{k}(x_i^*-\bar{x})^2f_i=\frac{1}{n}\sum_{i=1}^{k}(x_i^*)^2f_i-(\bar{x})^2 \tag{1.7}$$

$$s=\sqrt{s^2} \tag{1.8}$$

ここで，$n=f_1+f_2+\cdots+f_k$ である．

【例題 1.1】　数学の同一問題を A，B 2 クラスのそれぞれ生徒 20 人を対象に試験を行い，その結果をもとに次の度数分布表を得た．

得点	代表値 x^*	A クラス(人) f	B クラス(人) f
以上　未満 20～30	25	0	1
30～40	35	2	3
40～50	45	3	3
50～60	55	10	5
60～70	65	3	5
70～80	75	2	2
80～90	85	0	1

度数折れ線を描き，各クラスの平均値と分散，標準偏差を求めよ．

解：

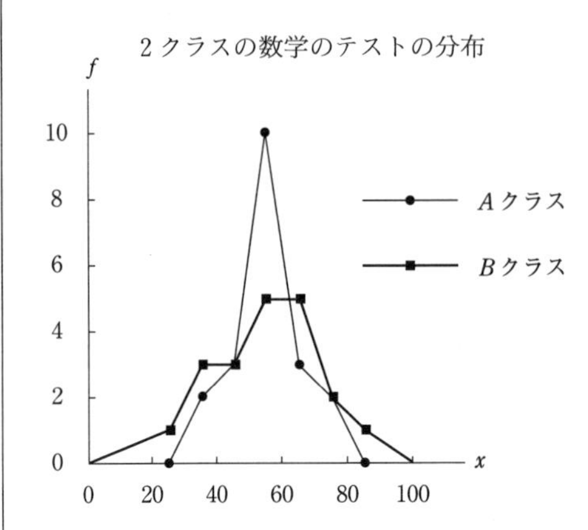

平均値：

$$\bar{x}_A = \frac{1}{20}(25 \times 0 + 35 \times 2 + 45 \times 3 + 55 \times 10 + 65 \times 3 + 75 \times 2 + 85 \times 0)$$

$$= 55.0$$

$$\bar{x}_B = \frac{1}{20}(25 \times 1 + 35 \times 3 + 45 \times 3 + 55 \times 5 + 65 \times 5 + 75 \times 2 + 85 \times 1)$$

$$= 55.0$$

よって，A クラス，B クラスとも平均点は 55 点で等しい．

分散，標準偏差：

$$s_A^2 = \frac{1}{20}\{(25-55)^2 \times 0 + (35-55)^2 \times 2 + (45-55)^2 \times 3$$

$$+ (55-55)^2 \times 10 + (65-55)^2 \times 3 + (75-55)^2 \times 2$$

$$+ (85-55)^2 \times 0\} = 110$$

$$s_A = \sqrt{s_A^2} = \sqrt{110} = 10.488\cdots \fallingdotseq 10.5$$

$$s_B^2 = \frac{1}{20}\{(25-55)^2 \times 1 + (35-55)^2 \times 3 + (45-55)^2 \times 3$$

$$+ (55-55)^2 \times 5 + (65-55)^2 \times 5 + (75-55)^2 \times 2 + (85-55)^2 \times 1\}$$

$$= 230$$

$$s_B = \sqrt{s_B^2} = \sqrt{230} = 15.165\cdots \fallingdotseq 15.2$$

この結果，A クラス，B クラスとも平均点は55点で等しいが，標準偏差は A クラスが10.5，B クラスが15.2であるので，B クラスの方が資料の散らばりの度合が大きいといえる．このように平均値が等しくても，バラツキが異なることが多いので資料の散らばりの度合を調べることが重要である．

1.3　相関係数

いままでは，1変量のデータのみを整理することを問題にしてきた．ここでは2つの変量を同時に観測し，その2変量間の関連の強さを調べる．たとえば20人の学生の身長 (cm) と体重 (kg) を調べ，20組のペアデータ (171, 63)，(168, 58)，…，(181, 72) をもとに，その関連の強さを知りたいとき，20組のペアデータを**相関図** (図1. 2) にプロットした後，関連の強さを計る尺度として**相関係数** (correlation coefficient) を用いる．

いま，2つの変量 $(x,\ y)$ に関する n 組のペアデータ

$$(x_1,\ y_1),\ (x_2,\ y_2),\ \cdots,\ (x_n,\ y_n)$$

をもとに，相関係数は

$$r=\frac{s_{xy}}{s_x s_y}=\frac{\dfrac{1}{n}\sum_{i=1}^{n}(x_i-\bar{x})(y_i-\bar{y})}{\sqrt{\dfrac{1}{n}\sum_{i=1}^{n}(x_i-\bar{x})^2}\sqrt{\dfrac{1}{n}\sum_{i=1}^{n}(y_i-\bar{y})^2}}=\frac{\sum_{i=1}^{n}(x_i-\bar{x})(y_i-\bar{y})}{\sqrt{\sum_{i=1}^{n}(x_i-\bar{x})^2}\sqrt{\sum_{i=1}^{n}(y_i-\bar{y})^2}} \tag{1. 9}$$

で与えられる．ここで x_i の平均値を $\bar{x}$，標準偏差を s_x，y_i の平均値を $\bar{y}$，標準偏差を s_y とし，**共分散** (covariance) を

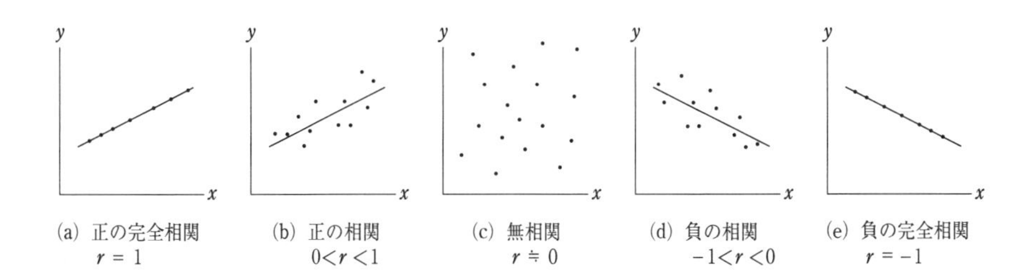

図1.2　相関係数と相関図

$$s_{xy}=\frac{(x_1-\bar{x})(y_1-\bar{y})+(x_2-\bar{x})(y_2-\bar{y})+\cdots+(x_n-\bar{x})(y_n-\bar{y})}{n}$$

$$=\frac{1}{n}\sum_{i=1}^{n}(x_i-\bar{x})(y_i-\bar{y})=\frac{1}{n}\sum_{i=1}^{n}x_iy_i-\bar{x}\bar{y} \tag{1. 10}$$

とする．x と y をそれぞれ s 個と t 個の級に分けた相関表に資料をまとめたときの相関係数は

$$r=\frac{\sum_{i=1}^{s}\sum_{j=1}^{t}(x_i^*-\bar{x})(y_j^*-\bar{y})f_{ij}}{\sqrt{\sum_{i=1}^{s}(x_i^*-\bar{x})^2f_{i\cdot}}\sqrt{\sum_{j=1}^{t}(y_j^*-\bar{y})^2f_{\cdot j}}} \tag{1. 11}$$

で表される．ここで，f_{ij} は x の i 番目の級と y の j 番目の級に属するデータの度数である．また，

$$f_{i\cdot}=\sum_{j=1}^{t}f_{ij} \qquad f_{\cdot j}=\sum_{i=1}^{s}f_{ij}$$

である．

n 組のペアデータ $(x_1,\ y_1)$，$(x_2,\ y_2)$，$\cdots$，$(x_n,\ y_n)$ を相関図にプロットし，相関係数との関係を調べる．相関図の点が，傾き正の直線上の周りに密集してバラツクとき**正の相関**といい，相関係数は $0<r\leqq 1$ の値をとる．すべての点が傾き正の直線上にあるとき，$r=1$ で**正の完全相関**という．点が，傾き負の直線上の周りに密集してバラツクとき**負の相関**といい，相関係数は $-1\leqq r<0$ の値をとる．すべての点が傾き負の直線上にあるとき，$r=-1$ で**負の完全相関**という．点が，何らかの傾向も見られないで，一様にバラツイテいるとき，$r\fallingdotseq 0$ で**無相関**という．

身長 x と体重 y のペアデータを相関図にプロットしたとき，身長が増加したとき体重も増加するわけではなく，また体重が増加したとき身長も増加するとは限らない．これより，相関分析では，2変数 x と y のいずれか一方を原因変数，他方を結果変数とする因果関係を考えるのではなく，点のバラツキが直線的な傾向にあるかどうかを調べる．

相関係数 r は式(1. 9)で与えられるが，r が正または負の値をとる理由は，式(1. 9)で，n，s_x，s_y を定数とし，分子

$$(x_1-\bar{x})(y_1-\bar{y})+\cdots+(x_i-\bar{x})(y_i-\bar{y})+\cdots+(x_n-\bar{x})(y_n-\bar{y}) \tag{1. 12}$$

より明らかになる．図1. 3で座標軸の平行移動，$x'=x-\bar{x}$，$y'=y-\bar{y}$ を行え

ば，$(\bar{x},\ \bar{y})$ を原点とする新しい座標系が得られる．相関図上の点 $\mathrm{P}_i(x_i,\ y_i)$ が新しい座標系の第Ⅰ象限，第Ⅲ象限内にあれば $(x_i-\bar{x})(y_i-\bar{y})$ は正となり，第Ⅱ象限，第Ⅳ象限内にあれば $(x_i-\bar{x})(y_i-\bar{y})$ は負となる．

これより，x と y の間に正の相関があれば n 個の点の大部分が第Ⅰ象限，第Ⅲ象限内にあるから，式(1. 12)は正の値をとる．また，x と y の間に負の相関があれば式(1. 12)は負の値をとり，無相関なら 0 に近い値をとる．

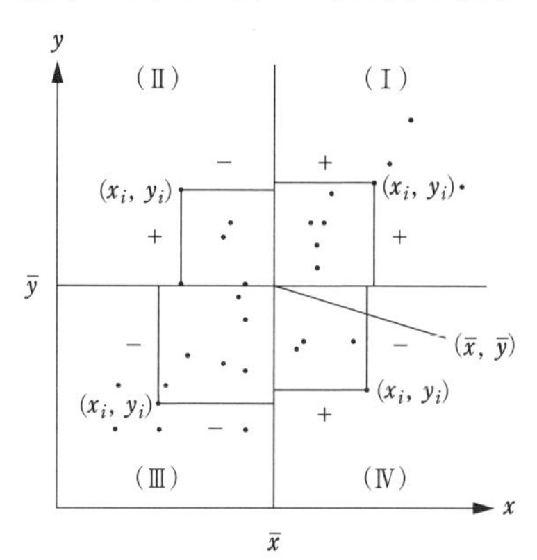

図 1.3　$(\bar{x},\ \bar{y})$ を原点とする座標系での相関図

【例題 1. 2】　相関係数 r が，$-1\leqq r\leqq 1$ であることを示せ．

解：

$$r=\frac{\sum_{i=1}^{n}(x_i-\bar{x})(y_i-\bar{y})}{ns_x s_y}$$

において $X_i=\dfrac{x_i-\bar{x}}{s_x}$，$Y_i=\dfrac{y_i-\bar{y}}{s_y}$ と置くと，$r=\dfrac{\sum_{i=1}^{n}X_iY_i}{n}$ となる．また

$$\sum_{i=1}^{n}X_i^2=\sum_{i=1}^{n}\left(\frac{x_i-\bar{x}}{s_x}\right)^2=\frac{1}{s_x^2}\cdot\frac{n\sum_{i=1}^{n}(x_i-\bar{x})^2}{n}=n$$

であり，また $\sum_{i=1}^{n}Y_i^2=n$ である．ところで

$$\begin{aligned}\frac{\sum_{i=1}^{n}(X_i\pm Y_i)^2}{n}&=\frac{\sum_{i=1}^{n}X_i^2}{n}\pm 2\frac{\sum_{i=1}^{n}X_iY_i}{n}+\frac{\sum_{i=1}^{n}Y_i^2}{n}=2\pm 2\frac{\sum_{i=1}^{n}X_iY_i}{n}\\&=2(1\pm r)\geqq 0\end{aligned}$$

これより，$-1\leqq r\leqq 1$ である．

【例題 1. 3】 20 人の生徒の英語 x と数学 y の試験成績は次のようであった．2 つの変量の間の相関図を作成し，相関係数 r を求めよ．

生徒番号	1	2	3	4	5	6	7	8	9	10	11	12	13	14	15	16	17	18	19	20
英語	80	82	88	45	44	66	42	88	80	75	76	74	63	92	25	28	54	80	31	67
数学	52	75	92	41	54	61	26	64	74	67	80	91	84	83	26	47	56	29	35	83

解：

$$\bar{x} = \frac{1}{20} \times 1280 = 64.0$$

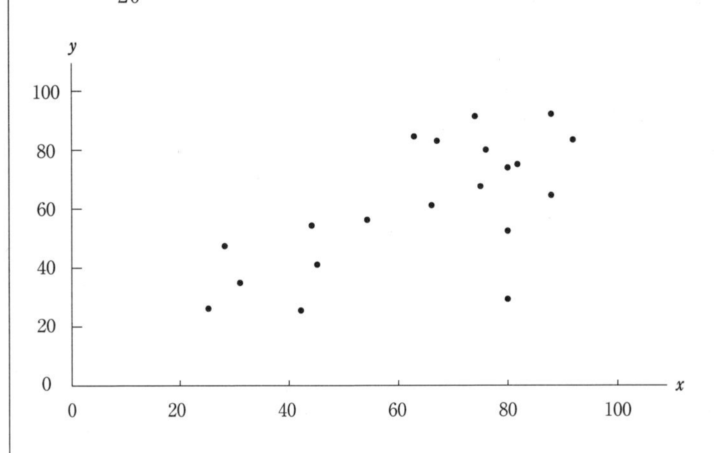

$$\bar{y} = \frac{1}{20} \times 1220 = 61.0$$

$$s_x^2 = \frac{1}{20} \times 8658 = 432.9 \qquad s_x = \sqrt{432.9} \fallingdotseq 20.8$$

$$s_y^2 = \frac{1}{20} \times 9030 = 451.5 \qquad s_y = \sqrt{451.5} \fallingdotseq 21.2$$

$$s_{xy} = \frac{1}{20} \times 5940 = 297$$

$$r = \frac{s_{xy}}{s_x s_y} = \frac{5940}{\sqrt{8658 \times 9030}} = 0.6717\cdots \fallingdotseq 0.672$$

No.	x_i	y_i	$(x_i-\bar{x})^2$	$(y_i-\bar{y})^2$	$(x_i-\bar{x})(y_i-\bar{y})$
1	80	52	256	81	−144
2	82	75	324	196	252
3	88	92	576	961	744
4	45	41	361	400	380
5	44	54	400	49	140
6	66	61	4	0	0
7	42	26	484	1225	770
8	88	64	576	9	72
9	80	74	256	169	208
10	75	67	121	36	66
11	76	80	144	361	228
12	74	91	100	900	300
13	63	84	1	529	−23
14	92	83	784	484	616
15	25	26	1521	1225	1365
16	28	47	1296	196	504
17	54	56	100	25	50
18	80	29	256	1024	−512
19	31	35	1089	676	858
20	67	83	9	484	66
合計	1280	1220	8658	9030	5940

1.4 回帰直線

いま，2変量のペアデータをグラフにプロットしたとき，直線的な傾向があり，また1つの変量を他の変量で説明できるとする．たとえば，消費 y を所得 x で説明するための回帰直線 $y=a+bx$ を想定して，ペアデータをもとにその係数 a, b を推定することを考える．このとき x を原因変数（**説明変数**）といい，y を結果変数（**目的変数**）という．また b を**回帰係数**という．

係数の推定には**最小2乗法**を用いるが，最小2乗法は図1.4に示すように，n 組の**ペアデータ** $(x_1, y_1), (x_2, y_2), \cdots, (x_n, y_n)$ を散布図にプロットしたとき，点全体の傾向を表すような回帰直線 $y=a+bx$ をあてはめ，

$$D=\sum_{i=1}^{n}\varepsilon_i^2=\sum_{i=1}^{n}\{y_i-(a+bx_i)\}^2 \quad (1.13)$$

を最小にするような a, b を決定する．ここで $\varepsilon_i (i=1, \cdots, n)$ を残差という．いま D を a, b について微分（偏微分）し，

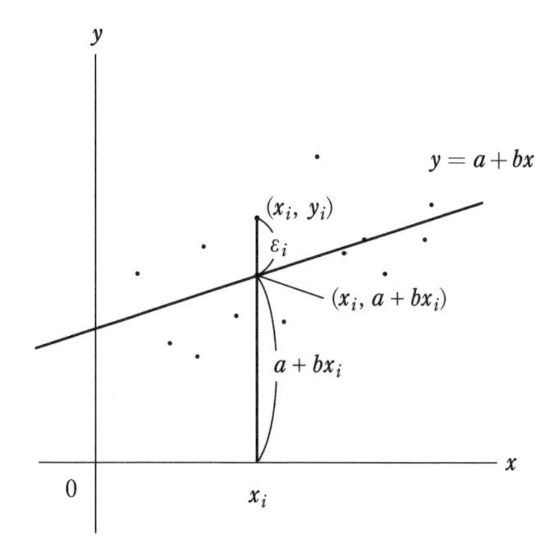

図1.4　回帰直線

$$\frac{\partial D}{\partial a} = -2\sum_{i=1}^{n}\{y_i - (a + bx_i)\} = 0$$

$$\frac{\partial D}{\partial b} = -2\sum_{i=1}^{n}\{y_i - (a + bx_i)\}x_i = 0$$

より，次の正規方程式が得られる．

$$\begin{cases} \displaystyle\sum_{i=1}^{n} y_i = na + b\sum_{i=1}^{n} x_i & \cdots\cdots① \\ \displaystyle\sum_{i=1}^{n} x_i y_i = a\sum_{i=1}^{n} x_i + b\sum_{i=1}^{n} x_i^2 & \cdots\cdots② \end{cases}$$

これより

$$b = \frac{n\sum_{i=1}^{n} x_i y_i - \sum_{i=1}^{n} x_i \sum_{i=1}^{n} y_i}{n\sum_{i=1}^{n} x_i^2 - \left(\sum_{i=1}^{n} x_i\right)^2} = \frac{\sum_{i=1}^{n}(x_i - \bar{x})(y_i - \bar{y})}{\sum_{i=1}^{n}(x_i - \bar{x})^2} = \frac{S_{xy}}{S_x^2} \tag{1. 14}$$

となる．また，①式の両辺を n で割れば $\bar{y} = a + b\bar{x}$ となり，次の関係が得られる．

$$y - \bar{y} = b(x - \bar{x}) \tag{1. 15}$$

この式(1. 14)と式(1. 15)より回帰直線 $y = a + bx$ を決定することができるが，実際の計算は表1. 3を作成し，表の中の $\bar{x}$, $\bar{y}$, A, B の値を用いると $b = A/B$ を簡単に求めることができる．

表 1.3　回帰係数の計算

ペア番号	x_i	y_i	$(x_i-\bar{x})(y_i-\bar{y})$	$(x_i-\bar{x})^2$
1	x_1	y_1	$(x_1-\bar{x})(y_1-\bar{y})$	$(x_1-\bar{x})^2$
2	x_2	y_2	$(x_2-\bar{x})(y_2-\bar{y})$	$(x_2-\bar{x})^2$
⋮	⋮	⋮	⋮	⋮
⋮	⋮	⋮	⋮	⋮
n	x_n	y_n	$(x_n-\bar{x})(y_n-\bar{y})$	$(x_n-\bar{x})^2$
合計	S_x	S_y	A	B
平均	$\bar{x}$	$\bar{y}$		

演習問題

1.1　4，8，10，12，16 の平均 $\bar{x}$，分散 s^2，標準偏差 s を求めよ．

1.2　A, B 2 クラスのそれぞれ 40 名の数学の得点を調べ，次の度数分布表を作成した．

得点	級代表値	A クラス(人)	B クラス(人)
以上　未満 30～40	35	1	0
40～50	45	4	1
50～60	55	6	7
60～70	65	18	25
70～80	75	7	5
80～90	85	3	2
90～100	95	1	0
合計		40	40

(1)　A, B 両クラスそれぞれの平均点を求めよ．

(2)　A クラスの分散 s_A^2，B クラスの分散 s_B^2 および，標準偏差 s_A，s_B を求めよ．

1.3　2 変量 $(x,\ y)$ を測定し，次の結果を得た．$\bar{x}$，s_x^2，s_x，$\bar{y}$，s_y^2，s_y，s_{xy} を求め，相関係数 r を求めよ．

x	6	7	4	5	8
y	5	6	4	4	6

1.4　30 代の社会人 15 人の 1 年間の実収入と食費支出の関係を調べ，次の表のようなデータを得た．この表をもとに回帰係数を計算し，回帰直線を

図示せよ.

ペア番号	実収入(x_i)	食費支出(y_i)
1	480	120
2	650	190
3	760	210
4	560	200
5	480	190
6	680	230
7	710	175
8	390	165
9	980	200
10	1100	320
11	880	195
12	490	170
13	760	270
14	580	150
15	925	260

(単位：万円)

第2章

確率と確率分布

2.1　確率

サイコロを投げるとき，1から6のどの目が出るかを事前に言い当てることは難しい．当たったとしても，それは偶然性によるものである．実験や観測（これらを**試行**（trial）という）を行うとき，実験や観測の結果の集りを**事象**（event）という．この場合，起こりそうなあらゆる事象を調べておき，その事象の起こる可能性の大小を数値で表したものを**確率**（probability）とよぶ．確率の概念に関しては，数学的確率，統計的確率，現代的確率の順に発展してきているが，現在では現代的確率が用いられている．

(1)　**数学的確率**：ある試行で同じ程度に起こり得ると期待されるすべての場合の数を N とし，そのうち，事象 A の起こる場合の数を r とする．このとき，

$$\frac{r}{N}$$

を事象 A の起こる数学的確率という．

(2)　**統計的確率**：目の出方が公平につくられたサイコロを投げたとき，1の目が出る確率を p とする．p を $\frac{1}{6}$ と考えるのが，数学的確率である．しかし，そのようなサイコロは存在しない．そこで，サイコロを同じ条件で繰り返し n 回投げて，1の目が r 回出たとすれば，$\frac{r}{n}$ を p の近似値と考える．この確率を統計的確率という．

2.2　現代的確率

2.2.1　事象

ある試行の結果の集まりを事象という．試行によって起こりうるすべての結果の集りを全事象といい，U で表す．たとえば，サイコロを投げて，出る目の数を観測すると，全事象は

$$U=\{1, 2, 3, 4, 5, 6\}$$

であり，偶数が出る目の事象は $A=\{2, 4, 6\}$ であり，A は U の部分集合である．このように事象を集合としてとらえることにより表現が明確になり，事象の間に集合演算が可能となる．なお，全事象を標本空間ともいう．A，B を事象とするとき，次のような事象の間の関係が知られている．

全事象 U（標本空間）

和事象 $A \cup B$：2つの事象 A，B の少なくとも一方が起こるという事象

積事象 $A \cap B$：2つの事象 A，B が同時に起こるという事象

空事象 ϕ：どんな結果も含んでいないという事象

排反事象 $A \cap B=\phi$：2つの事象 A，B が決して同時には起こらないという事象．このとき A と B は互いに排反であるという．

余事象 A^c：事象 A が起こらないという事象

一般に $A_1, A_2, \cdots, A_n$ の和事象は

$$A_1 \cup A_2 \cup \cdots \cup A_n=\bigcup_{i=1}^{n} A_i$$

で表し，積事象は

$$A_1 \cap A_2 \cap \cdots \cap A_n=\bigcap_{i=1}^{n} A_i$$

で表される．これら事象間の演算についてのベン図を図2.1に示す．

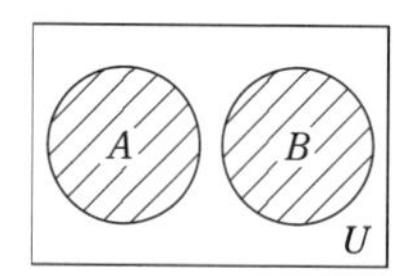

(a) 排反事象 $A \cap B=\phi$

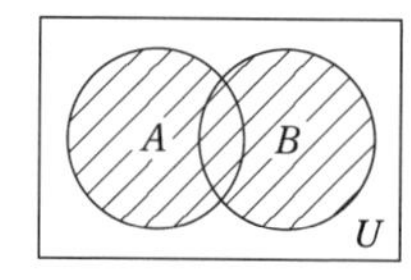

(b) 和事象 $A \cup B$

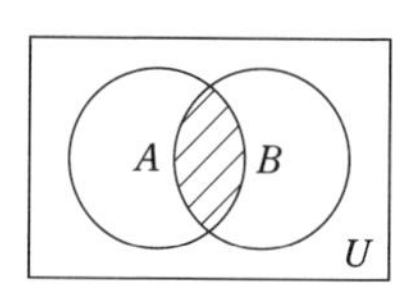

(c) 積事象 $A \cap B$

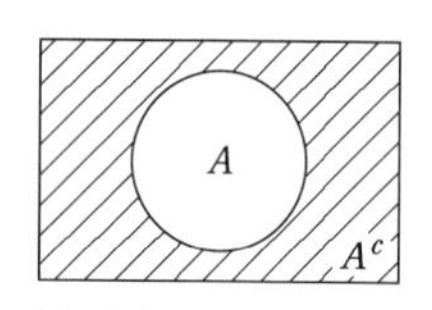

(d) 余事象 A^c

図2.1　事象間の演算（斜線部分）

2.2.2　確率

標本空間 U の部分集合 (事象) A に対して，$P\{A\}$ が次の 3 つの性質

① $P\{A\} \geqq 0$

② $P\{U\} = 1$

③ n 個の事象 A_1, A_2, $\cdots$ が互いに排反のとき

$$P\{A_1 \cup A_2 \cup \cdots\} = P\{A_1\} + P\{A_2\} + \cdots$$

を満たして，$P\{A\}$ に対して正の実数が一意的に対応されているとき，$P\{A\}$ を事象 A の確率という．

これらの性質をもとに次の法則が得られる．

(1)　余事象の法則

$$P\{A^c\} = 1 - P\{A\}$$

(2)　和事象の法則

事象 A, B が排反のとき：

$$P\{A \cup B\} = P\{A\} + P\{B\} \tag{2.1}$$

事象 A, B が排反でないとき：

$$P\{A \cup B\} = P\{A\} + P\{B\} - P\{A \cap B\} \tag{2.2}$$

(3)　事象の独立

ここで，事象 A が起こったという条件のもとで事象 B が起こる確率 (条件付確率) を次に与える．

$$P\{B|A\} = \frac{P\{A \cap B\}}{P\{A\}} \tag{2.3}$$

ただし，$P\{A\} \neq 0$．

いま，$P\{B|A\} = P\{B\}$ のとき，事象 A と B は**独立**であるといい，独立でないとき**従属**であるという．事象 A と B が独立であるとき，式(2.3)は次のようになる．

$$P\{A \cap B\} = P\{A\} \cdot P\{B\} \tag{2.4}$$

(4)　積事象の法則

$$P\{A \cap B\} = P\{A\} \cdot P\{B\} \qquad (A, B \text{ が独立のとき})$$

$$P\{A \cap B\} = P\{A\} \cdot P\{B|A\} \qquad (P\{A\} \neq 0 \text{ のとき})$$

$$= P\{B\} \cdot P\{A|B\} \qquad (P\{B\} \neq 0 \text{ のとき})$$

【例題 2. 1】　標本空間 U の中の事象 A，B，C が図のようであり，

$$\mathrm{P}\{A\}=\frac{3}{10} \qquad \mathrm{P}\{B\}=\frac{1}{2} \qquad \mathrm{P}\{C\}=\frac{1}{10} \qquad \mathrm{P}\{A\cap B\}=\frac{1}{5}$$

のとき，次の値を求めよ．

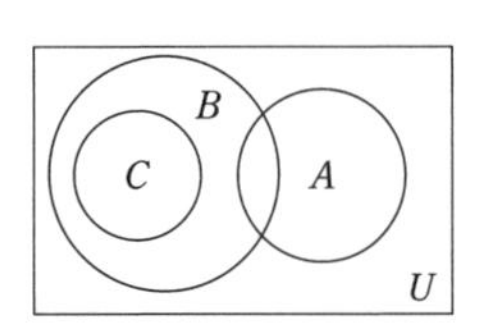

(1)　$\mathrm{P}\{A\cup B\}$

(2)　$\mathrm{P}\{A\cap C\}$

(3)　$\mathrm{P}\{B\cap C\}$

解：

(1)　$\mathrm{P}\{A\cup B\}=\mathrm{P}\{A\}+\mathrm{P}\{B\}-\mathrm{P}\{A\cap B\}$

$$=\frac{3}{10}+\frac{1}{2}-\frac{1}{5}=\frac{6}{10}=\frac{3}{5}$$

(2)　A，C は排反であるから，$A\cap C=\phi$ である．したがって

$\mathrm{P}\{A\cap C\}=\mathrm{P}\{\phi\}=0$

(3)　$B\cap C=C$ であるから，

$$\mathrm{P}\{B\cap C\}=\mathrm{P}\{C\}=\frac{1}{10}$$

【例題 2. 2】　52 枚のトランプの中から 1 枚のカードを引くという試行を行う．2 つの事象

$A=\{$ハートのカードを引く$\}$

$B=\{$絵札 (Jack，Queen，King) を引く$\}$

に対して，$\mathrm{P}\{A\}$，$\mathrm{P}\{B\}$，$\mathrm{P}\{A\cap B\}$，$\mathrm{P}\{A\cup B\}$，$\mathrm{P}\{B|A\}$ を求め，A と B の独立性を調べよ．

解：

$$\mathrm{P}\{A\}=\frac{13}{52}=\frac{1}{4} \qquad \mathrm{P}\{B\}=\frac{12}{52}=\frac{3}{13} \qquad \mathrm{P}\{A\cap B\}=\frac{3}{52}$$

$$\mathrm{P}\{A\cup B\}=\mathrm{P}\{A\}+\mathrm{P}\{B\}-\mathrm{P}\{A\cap B\}=\frac{1}{4}+\frac{3}{13}-\frac{3}{52}=\frac{22}{52}=\frac{11}{26}$$

$$\mathrm{P}\{B|A\}=\frac{\mathrm{P}\{A\cap B\}}{\mathrm{P}\{A\}}=\frac{\dfrac{3}{52}}{\dfrac{1}{4}}=\frac{12}{52}=\frac{3}{13}$$

$$\mathrm{P}\{A\}\cdot\mathrm{P}\{B\}=\frac{3}{52}=\mathrm{P}\{A\cap B\}$$

であるから，A と B は独立である．

2.3　確率変数と確率分布

正常な硬貨を投げるとき，表が出ることを数 0 で，裏が出ることを数 1 で表すとき，硬貨を投げて表，裏がそれぞれ 1/2 の確率で現れることを考える．そのとき変数 $X=0,\ 1$ を用い

$$\mathrm{P}\{X=0\}=\frac{1}{2} \qquad \mathrm{P}\{X=1\}=\frac{1}{2}$$

で表す．この変数 X は，偶然性に支配されて，いろいろな実数値をとるので，これを**確率変数** (random variable) という．普通の変数 x と区別して大文字 X で書くことにする．

確率変数 X のとり得る値 $x_1,\ x_2,\ \cdots$ に対して，確率 $\mathrm{P}\{X=x_i\}=p_i\ (i=1,\ 2,\ \cdots)$ は，確率法則によって定まる．このとき確率変数 X の値 $x_1,\ x_2,\ \cdots$ に対応する確率 $p_1,\ p_2,\ \cdots$ の 2 つの列の組を X の**確率分布** (probability distribution) という．確率変数には，大きく分けて次の 2 つがある．

離散型確率変数：サイコロの出る目の数，α 粒子の個数など，とびとびの値だけしかとらない変数

連続型確率変数：電話の通話時間，患者の診療時間など，実数のある区間内の任意の値をとる変数

確率変数に対しては，確率法則が与えられ，それぞれ離散型，連続型の確率分布をもつ (図 2.2)．

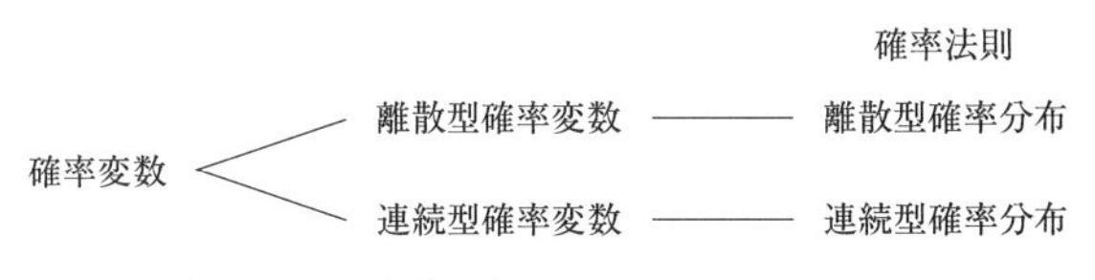

図 2.2　確率変数と確率分布

2.3.1　離散型確率分布

X が離散型確率変数で，確率 $\mathrm{P}\{X=x_i\}=p_i$ が次の条件を満たすとき，離散型確率分布に従うという．この p_i を**確率関数** (probability function) という．

$$\mathrm{P}\{X=x_i\}=p_i \geqq 0 \qquad (i=1,\ 2,\ \cdots,\ n) \tag{2.5}$$

$$\sum_{i=1}^{n} p_i = 1 \tag{2.6}$$

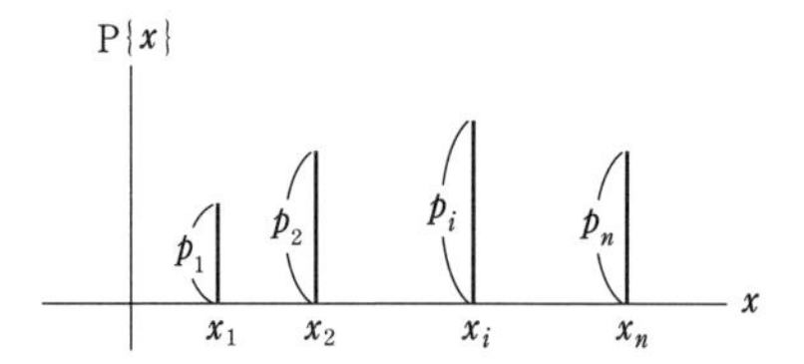

図2.3　確率分布

表2.1　確率分布

X	x_1	x_2	$\cdots$	x_i	$\cdots$	x_n	計
$\mathrm{P}\{X=x_i\}$	p_1	p_2	$\cdots$	p_i	$\cdots$	p_n	1

また，離散型確率変数 X が a と b の間の値をとる確率は

$$\mathrm{P}\{a \leqq X \leqq b\} = \sum_{\{i \mid a \leqq x_i \leqq b\}} p_i$$

と表される．

【例題2.3】　1個のサイコロを投げるとき，出る目の数を X とすれば，X のとり得る値は1，2，3，4，5，6の6つある．このとき，確率分布と確率 $\mathrm{P}\{2 \leqq X \leqq 4\}$ を求めよ．

解：確率分布は次の表のようになる．

X	1	2	3	4	5	6
$\mathrm{P}\{X=x\}$	$\frac{1}{6}$	$\frac{1}{6}$	$\frac{1}{6}$	$\frac{1}{6}$	$\frac{1}{6}$	$\frac{1}{6}$

すなわち，

$$\mathrm{P}\{X=x\} = \frac{1}{6} \qquad (x=1,\ 2,\ 3,\ 4,\ 5,\ 6)$$

である．また，

$$\begin{aligned}\mathrm{P}\{2 \leqq X \leqq 4\} &= \mathrm{P}\{X=2\} + \mathrm{P}\{X=3\} + \mathrm{P}\{X=4\} \\ &= \frac{1}{6} + \frac{1}{6} + \frac{1}{6} = \frac{1}{2}\end{aligned}$$

である．

2.3.2　連続型確率分布

X が連続型確率変数で，関数 $f(x)$ が次の条件を満たすとき，X は連続型確率分布に従うという．この $f(x)$ を**確率密度関数** (probability density function) という．

$$f(x) \geqq 0 \qquad (-\infty < x < \infty) \tag{2.7}$$

$$\int_{-\infty}^{\infty} f(x)dx = 1 \tag{2.8}$$

また，連続型確率変数 X が a と b の間の値をとる確率は

$$\mathrm{P}\{a \leqq X \leqq b\} = \int_a^b f(x)dx$$

と表され，a と b の間の面積で示される．

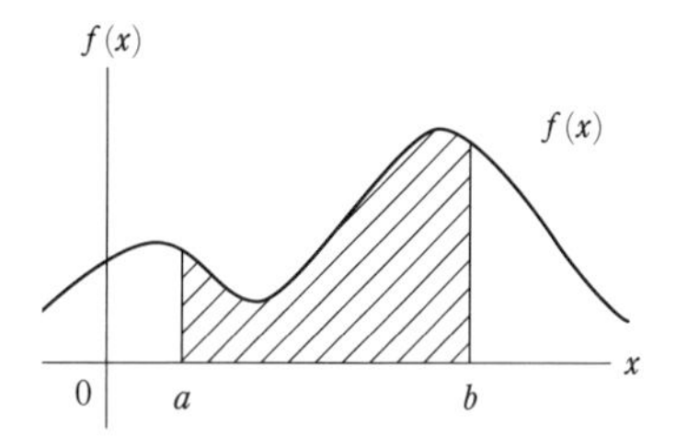

図 2.4　確率密度関数

【例題 2.4】　確率変数 X の確率密度関数 $f(x)$ が

$$f(x) = \begin{cases} kx & (0 \leqq x \leqq 1) \\ 0 & (\text{その他}) \end{cases}$$

で与えられているとき，

(1)　k の値を求めよ．

(2)　$f(x)$ のグラフを描き，$\mathrm{P}\left\{\frac{1}{2} \leqq X < 1\right\}$ を求めよ．

解：

(1)　$\int_{-\infty}^{\infty} f(x)dx = 1$ より，$k\int_0^1 xdx = 1$ であるから，

$$k\left[\frac{x^2}{2}\right]_0^1 = 1 \quad \text{より} \quad k = 2$$

(2)　確率密度関数

$$f(x) = \begin{cases} 2x & (0 \leqq x \leqq 1) \\ 0 & (\text{その他}) \end{cases}$$

$$\mathrm{P}\left\{\frac{1}{2} \leqq X < 1\right\} = 2\int_{\frac{1}{2}}^1 xdx$$

$$= 2\left[\frac{x^2}{2}\right]_{\frac{1}{2}}^1 = 1 - \left(\frac{1}{2}\right)^2 = \frac{3}{4}$$

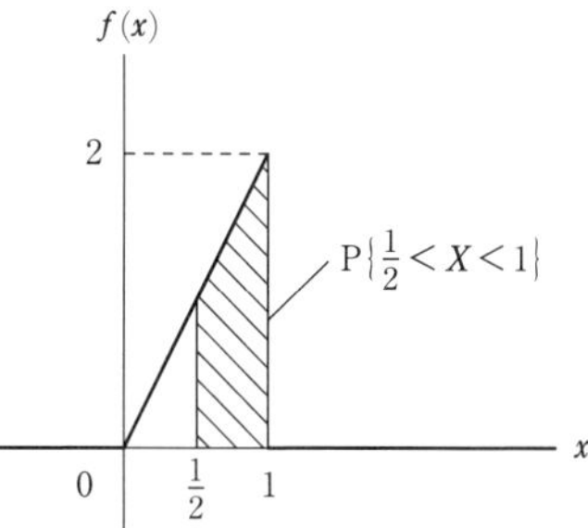

2.4　平均と分散

確率変数 X の確率分布の中心的位置を示すものとして X の**平均** (mean) (**期待値** (expectation) ともいう) があり，$E(X)$ で表す．また，平均から X のとり得る値のバラツキの程度を数量的に表現したものを X の**分散** (variance)，**標準偏差** (standard deviation) といい，それぞれ $V(X)$，$D(X)$ で表す．

2.4.1　平均

(1)　離散型

離散型確率変数 X の確率分布が次の表のように与えられるとき，

X	x_1	x_2	$\cdots$	x_i	$\cdots$	x_n
$\mathrm{P}\{X=x_i\}$	p_1	p_2	$\cdots$	p_i	$\cdots$	p_n

X の平均は

$$E(X)=x_1p_1+x_2p_2+\cdots+x_ip_i+\cdots+x_np_n$$
$$=\sum_{i=1}^{n}x_ip_i \tag{2.9}$$

で与えられる．また，確率変数 X^2 の平均は次のように表せる．

$$E(X^2)=x_1^2p_1+x_2^2p_2+\cdots+x_i^2p_i+\cdots+x_n^2p_n$$
$$=\sum_{i=1}^{n}x_i^2p_i \tag{2.10}$$

(2)　連続型

連続型確率変数 X の平均は

$$E(X)=\int_{-\infty}^{\infty}xf(x)dx \tag{2.11}$$

で与えられる．また，確率変数 X^2 の平均は次のように表せる．

$$E(X^2)=\int_{-\infty}^{\infty}x^2f(x)dx \tag{2.12}$$

2.4.2　分散，標準偏差

(1)　離散型

X の平均を $E(X)=\mu$ と表すと，離散型確率変数 X の分散は

$$\begin{aligned}V(X) &= E[\{X-E(X)\}^2]\\ &= (x_1-\mu)^2p_1+(x_2-\mu)^2p_2+\cdots+(x_n-\mu)^2p_n\\ &= \sum_{i=1}^{n}(x_i-\mu)^2p_i \end{aligned} \tag{2.13}$$

で与えられ，標準偏差は

$$D(X)=\sqrt{V(X)} \tag{2.14}$$

で与えられる．また，分散は次のように表せる．

$$\begin{aligned}V(X) &= \sum_{i=1}^{n}(x_i-\mu)^2p_i=\sum_{i=1}^{n}(x_i^2-2\mu x_i+\mu^2)p_i\\ &= \sum_{i=1}^{n}x_i^2p_i-2\mu\sum_{i=1}^{n}x_ip_i+\mu^2-\sum_{i=1}^{n}x_i^2p_i-\mu^2\\ &= E(X^2)-\{E(X)\}^2 \end{aligned} \tag{2.15}$$

(2)　連続型

連続型確率変数 X の分散は

$$V(X)=E[\{X-E(X)\}^2]=\int_{-\infty}^{\infty}(x-\mu)^2f(x)dx \tag{2.16}$$

で与えられ，標準偏差は

$$D(X)=\sqrt{V(X)} \tag{2.17}$$

で与えられる．また，分散については離散型の場合と同様に，式（2.15）が成り立つ．

2.4.3　確率変数の 1 次関数の平均，分散

X を確率変数，a と b を任意定数とするとき，その 1 次関数 $aX+b$ もまた確率変数である．確率変数 $aX+b$ の平均，分散，標準偏差は次のようになる．

$$E(aX+b)=aE(X)+b \tag{2.18}$$

$$V(aX+b)=a^2V(X) \tag{2.19}$$

$$D(aX+b)=|a|D(X) \tag{2.20}$$

【例題 2. 5】　サイコロを投げて，出る目の数を確率変数 X とする．X の平均 $E(X)$ と分散 $V(X)$ を求めよ．

解：X の確率分布は，次のようになるから

X	1	2	3	4	5	6
$\mathrm{P}\{X=x_i\}$	$\frac{1}{6}$	$\frac{1}{6}$	$\frac{1}{6}$	$\frac{1}{6}$	$\frac{1}{6}$	$\frac{1}{6}$

平均と分散は

$$E(X)=1\times\frac{1}{6}+2\times\frac{1}{6}+3\times\frac{1}{6}+4\times\frac{1}{6}+5\times\frac{1}{6}+6\times\frac{1}{6}=3.5$$

$$\begin{aligned}V(X)&=E(X^2)-\{E(X)\}^2\\&=1^2\times\frac{1}{6}+2^2\times\frac{1}{6}+3^2\times\frac{1}{6}+4^2\times\frac{1}{6}+5^2\times\frac{1}{6}+6^2\times\frac{1}{6}-(3.5)^2\\&=\frac{1}{6}(1+4+9+16+25+36)-(3.5)^2\\&=15.167-12.25=2.917\end{aligned}$$

となる．

【例題 2. 6】　確率変数 X の確率密度関数 $f(x)$ が

$$f(x)=\begin{cases}2x & (0\leqq x\leqq 1)\\ 0 & (\text{その他})\end{cases}$$

で与えられているとき，X の平均 $E(X)$，分散 $V(X)$ を求めよ．

解：

$$\begin{aligned}E(X)&=\int_0^1 x\cdot 2x\,dx=2\int_0^1 x^2\,dx\\&=2\left[\frac{x^3}{3}\right]_0^1=\frac{2}{3}\end{aligned}$$

$$\begin{aligned}V(X)&=E(X^2)-\{E(X)\}^2\\&=\int_0^1 x^2\cdot 2x\,dx-\left(\frac{2}{3}\right)^2\\&=2\left[\frac{x^4}{4}\right]_0^1-\frac{4}{9}=\frac{1}{2}-\frac{4}{9}=\frac{1}{18}\end{aligned}$$

【例題 2.7】　確率変数 X の確率密度関数 $f(x)$ が

$$f(x)=\begin{cases} 3x^2 & (0 \leqq x \leqq 1) \\ 0 & (\text{その他}) \end{cases}$$

のとき，平均 $E(X)$，分散 $V(X)$ を求め，これを用いて

$$\begin{cases} E(aX+b)=0 \\ V(aX+b)=1 \end{cases}$$

を満たす $a(>0)$，b を求めよ．

解：

$$E(X)=\frac{3}{4} \qquad V(X)=\frac{3}{80}$$

となるから，

$$\begin{cases} aE(X)+b=0 \\ a^2V(X)=1 \end{cases} \quad \text{に代入して} \quad \begin{cases} \dfrac{3}{4}a+b=0 \\ \dfrac{3}{80}a^2=1 \end{cases}$$

$a^2=\dfrac{80}{3}$，$a>0$ より

$$a=\sqrt{\frac{80}{3}}=\frac{4}{3}\sqrt{15} \qquad b=-\frac{3}{4}a=-\frac{3}{4}\times\frac{4}{3}\sqrt{15}=-\sqrt{15}$$

2.5　順列，組合せ

2.5.1　順列

n 個の異なるものから k 個をとり出し，これを 1 列に並べたものを，n 個のものから k 個とった**順列**といい，その数を ${}_nP_k$ で示す．${}_nP_k$ は次のように与えられる．

$${}_nP_k=n(n-1)(n-2)\cdots(n-k+1)=\frac{n!}{(n-k)!} \tag{2.21}$$

ここで $n!$ は n の階乗といい，$n!=n(n-1)\cdots2\cdot1$ を意味する．たとえば，3 個の文字 a，b，c から 2 個の文字をとった順列は次の ${}_3P_2=6$ 通りである．

ab，ac，ba，bc，ca，cb

2.5.2　組合せ

n 個の異なるものから k 個のものをとり出した組を，n 個のものから k 個とった**組合せ**といい，その数を ${}_nC_k$ で示す．${}_nC_k$ は次のように与えられる．

$$ {}_nC_k = \binom{n}{k} = \frac{n!}{k!(n-k)!} = \frac{{}_nP_k}{k!} \tag{2.22} $$

たとえば，5個の文字 a，b，c，d，e から2個の文字をとる組合せを考える．

5個の文字から2個とり出して1列に並べる並べ方は，はじめの文字は5通りあり，次の文字は4通りあるのだから，全体で次のように $5\times4=20$ 通りある．

$\{ab \quad ac \quad ad \quad ae\}$

$\{ba \quad bc \quad bd \quad be\}$

$\{ca \quad cb \quad cd \quad ce\}$

$\{da \quad db \quad dc \quad de\}$

$\{ea \quad eb \quad ec \quad ed\}$

文字を区別して1列に並べた $5\times4=20$ 通りのうち，組合せは並べる順序を気にしないので，ab と ba の $2\times1=2$ 通りを ab の1通りと見なせる．同様に ac と ca についても1通りと見なせる．これから5個の文字 a，b，c，d，e から2個の文字をとる組合せの数は

$$ {}_5C_2 = \frac{{}_5P_2}{2!} = \frac{5\times4}{2\times1} = 10 $$

通りである．一般に組合せの数 ${}_nC_k$ は，次のように解釈できる．

①　n 個のものから k 個を選ぶ選び方

②　n 個のものを k 個の組と $n-k$ 個の組の2組に分ける分け方

③　k 個の白い球と $n-k$ 個の赤い球を1列に並べたときの順列

ここで③の場合が，組合せの数 ${}_nC_k$ になることを図2.5を用いて説明する．いま，3個の○と2個の×を1列に並べたときの順列を考える．

(1)　始めに3個の○を区別するために，それぞれを a，b，c とする．また，2個の×を区別するために，それぞれを d，e とする．1段階は a，b，c，d，e の5文字を1列に並べるすべての場合を示している．これは $5!=120$ 通りあり，左側のブロックは文字 d，e の順に並べ，Ⅰ，Ⅱ，Ⅲの位置に a，b，c の3文字を1列に並べた場合を示し，これは $3!=6$ 通りある．ここでブロック

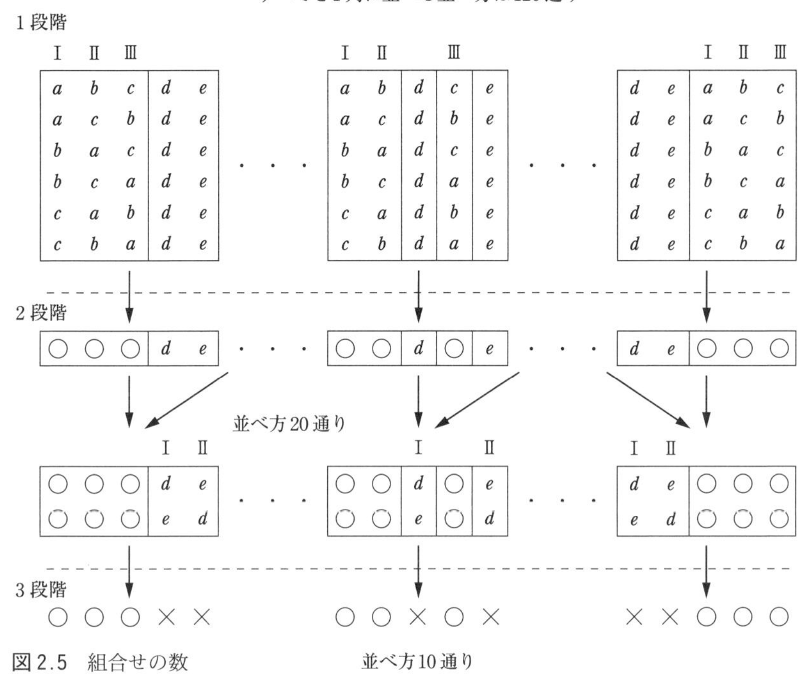

図 2.5 組合せの数

の数を調べる．1列5個のうち3個を選びⅠ，Ⅱ，Ⅲの順に位置を定め，a，b，c を並べ，残りの位置に d，e を並べたときのブロックの数は ${}_5C_3=10$ 通りである．

(2) 1段階の左側のブロックで，a，b，c の3文字をすべて記号○で表すと，この $3!=6$ 通りが1通りで表せ，これを2段階に示す．他のブロックについても同様に表すと，$5!/3!=20$ 通りの場合に示される．

(3) 2段階の左側下のブロックは，ⅠとⅡの位置に d，e の2文字を1列に並べた場合を示し，これは $2!=2$ 通りある．他のブロックも同様に示す．

(4) ここで，d と e の2文字をすべて記号×で表すと，この $2!=2$ 通りが1通りで表せ，これを3段階に示す．$5!/(3!2!)=10$ 通りの場合に示される．これより $5!/(3!2!)={}_5C_3$ が得られる．これは3個の○と2個の×を1列に並べたときの順列の数である．

2.6　二項分布

試行の結果が2つしかない場合，あるいは2つの結果のみに着目する場合がしばしばある．硬貨投げの結果は表か裏，勝負の結果は勝か負，品質検査の結果は合格か不合格である．このように2つの結果にのみに着目した確率分布の1つに二項分布がある．

硬貨を5回投げたとき，表が出る回数の確率分布を考える．表が出ることを$X=1$，裏が出ることを$X=0$で表し，硬貨を5回投げたとき，その確率変数の列を次に示す．

$$X_1,\ X_2,\ \cdots,\ X_5$$

ここで

$$S_5 = X_1 + X_2 + \cdots + X_5 \tag{2.23}$$

はX_1, X_2, $\cdots$, X_5の中の1の個数を表す確率変数である．いま，事象$\{S_5=1\}$は

$$\begin{aligned}\{S_5=1\} = &\{X_1=1,\ X_2=0,\ X_3=0,\ X_4=0,\ X_5=0\}\\ &\cup\{X_1=0,\ X_2=1,\ X_3=0,\ X_4=0,\ X_5=0\}\\ &\cup\{X_1=0,\ X_2=0,\ X_3=1,\ X_4=0,\ X_5=0\}\\ &\cup\{X_1=0,\ X_2=0,\ X_3=0,\ X_4=1,\ X_5=0\}\\ &\cup\{X_1=0,\ X_2=0,\ X_3=0,\ X_4=0,\ X_5=1\}\end{aligned} \tag{2.24}$$

のように互いに排反な和事象として表せる．また，X_1, X_2, $\cdots$, X_5は互いに独立であるから

$$\begin{aligned}\mathrm{P}\{S_5=1\} = &\mathrm{P}\{X_1=1\}\mathrm{P}\{X_2=0\}\mathrm{P}\{X_3=0\}\mathrm{P}\{X_4=0\}\mathrm{P}\{X_5=0\}\\ &+\mathrm{P}\{X_1=0\}\mathrm{P}\{X_2=1\}\mathrm{P}\{X_3=0\}\mathrm{P}\{X_4=0\}\mathrm{P}\{X_5=0\}\\ &+\mathrm{P}\{X_1=0\}\mathrm{P}\{X_2=0\}\mathrm{P}\{X_3=1\}\mathrm{P}\{X_4=0\}\mathrm{P}\{X_5=0\}\\ &+\mathrm{P}\{X_1=0\}\mathrm{P}\{X_2=0\}\mathrm{P}\{X_3=0\}\mathrm{P}\{X_4=1\}\mathrm{P}\{X_5=0\}\\ &+\mathrm{P}\{X_1=0\}\mathrm{P}\{X_2=0\}\mathrm{P}\{X_3=0\}\mathrm{P}\{X_4=0\}\mathrm{P}\{X_5=1\}\end{aligned} \tag{2.25}$$

となる．ここで，1回の試行で$X=1$となる確率をpと表し，$X=0$となる確率を$q=1-p$と表したとき，式(2.25)は

$$\mathrm{P}\{S_5=1\} = pqqqq + qpqqq + qqpqq + qqqpq + qqqqp$$

と表せる．これは p を1個，q を4個，1列に並べる数列であるので，$\binom{5}{1}$ 通りである．これより，この確率は

$$\mathrm{P}\{S_5=1\}=\binom{5}{1}p(1-p)^4 \tag{2.26}$$

である．同様に $\{S_5=k\}$ $(k=0,\ 1,\ \cdots,\ 5)$ に対しては

$$\mathrm{P}\{S_5=k\}=\binom{5}{k}p^k(1-p)^{5-k} \qquad (k=0,\ 1,\ \cdots,\ 5) \tag{2.27}$$

となり，一般に

$$\mathrm{P}\{S_n=k\}=\binom{n}{k}p^k(1-p)^{n-k} \qquad (k=0,\ 1,\ \cdots,\ n) \tag{2.28}$$

と表せる．この確率分布を**二項分布**といい，$B(n,\ p)$ と書く．二項分布の平均，分散は次のようになる．

$$E(X)=np \qquad V(X)=npq=np(1-p) \tag{2.29}$$

$B(n,\ p)$ において，$n=20$ の場合，p を 0.1 から 0.1 刻みに 0.5 まで増加させて，$B(n,\ p)$ のグラフを描くと，図2.6のようになる．p が 0.5 のときに対称形となり，0.5 より小となるに従って非対称となることがわかる．

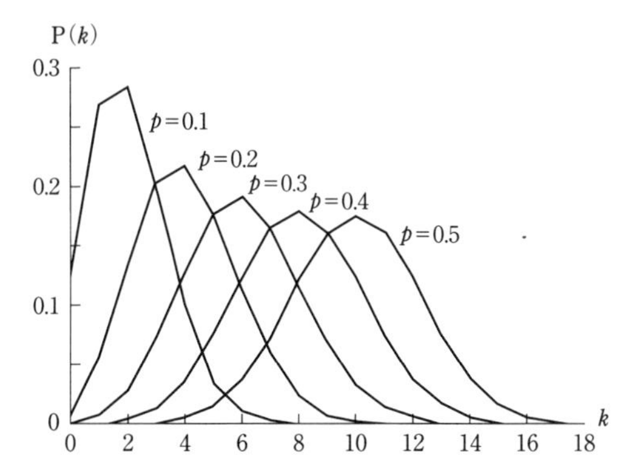

図2.6　各 p に対する二項分布 B (20, p) の形状

2.7　正規分布

連続型確率変数 X の確率分布が，確率密度関数

$$f(x)=\frac{1}{\sqrt{2\pi}\,\sigma}e^{-\frac{(x-\mu)^2}{2\sigma^2}} \qquad (-\infty<x<\infty) \tag{2.30}$$

をもつとき，確率変数 X は**正規分布** (normal distribution) に従うといい，これを $X\sim N(\mu,\ \sigma^2)$ で表す．この分布は統計学を学ぶ上で，理論上でも実用上でも最も重要な分布である．この分布はガウスが測定誤差の法則を表すものとして発見したところから**ガウス分布**ともいわれている．

2.7.1　正規確率密度関数

正規分布は連続型確率分布であり，定義域は $(-\infty,\ \infty)$ である．確率密度関数 $f(x)$ は

$$f(x)=\frac{1}{\sqrt{2\pi}\,\sigma}e^{-\frac{(x-\mu)^2}{2\sigma^2}}\geqq 0 \qquad \int_{-\infty}^{\infty}f(x)dx=1 \tag{2.31}$$

を満たす．正規分布は $N(\mu,\ \sigma^2)$ で表わし，μ は平均，σ^2 は分散，σ は標準偏差といい，μ, σ^2, σ は次のように表わせる．

$$E(X)=\int_{-\infty}^{\infty}xf(x)dx=\mu \tag{2.32}$$

$$V(X)=\int_{-\infty}^{\infty}(x-\mu)^2f(x)dx=\sigma^2 \tag{2.33}$$

$$\sigma=\sqrt{V(X)} \tag{2.34}$$

正規分布のグラフは $x=\mu$ に関して左右対称で，また変曲点の x 座標は $\mu-\sigma$, $\mu+\sigma$ である．また，すそは左右に無限にのびており $\lim_{x\to\pm\infty}f(x)=0$ であり，x 軸が漸近線となっている (図2.7)．

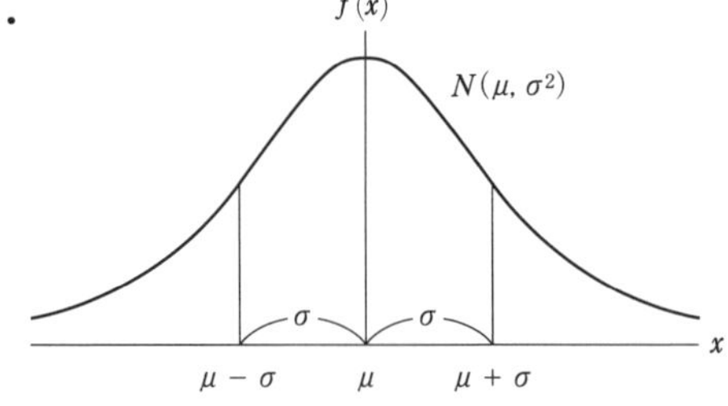

図2.7　正規分布

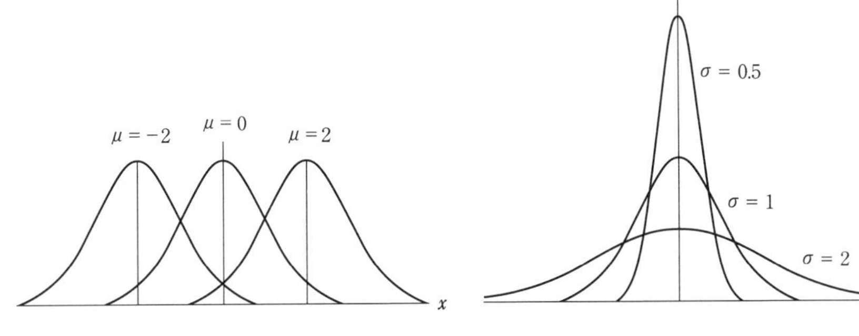

図 2.8 μ の変化と正規分布

図 2.9 σ の変化と正規分布

正規分布 $N(\mu,\ \sigma^2)$ のグラフ（正規曲線）の形について調べる．

① 標準偏差 σ が変化せず，平均 μ が変化すると，分布の中心が変化する（図 2.8）．（$\mu=-2,\ 0,\ 2,\ \sigma=1$ のとき）

② 平均 μ が変化せず，標準偏差 σ が変化すると，分布のばらつきの程度がわかる（図 2.9）．（$\mu=0,\ \sigma=0.5,\ 1,\ 2$ のとき）

正規分布 $N(\mu,\ \sigma^2)$ は $x=\mu$ に関して左右対称であるから

$$P\{|X-\mu|\leqq\sigma\}=0.6826 \qquad P\{|X-\mu|\leqq 2\sigma\}=0.9546$$

$$P\{|X-\mu|\leqq 3\sigma\}=0.9974$$

である．

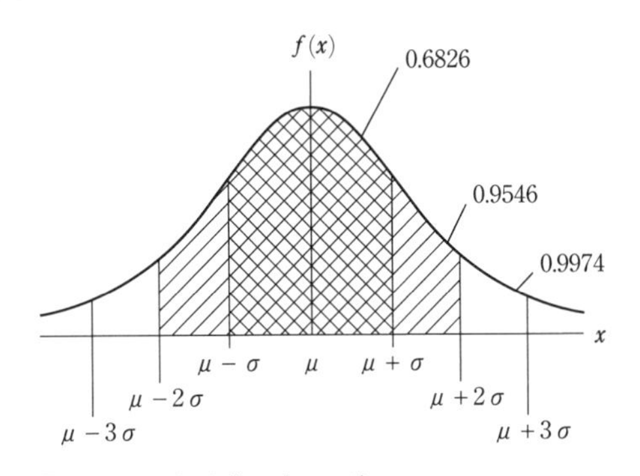

図 2.10 正規分布 $N(\mu,\ \sigma^2)$

確率変数 X が $N(\mu,\ \sigma^2)$ に従うとき，μ と σ^2 は定数であるので，確率変数 X を

$$Z=\frac{X-\mu}{\sigma}$$

として**標準化**すると，式(2. 18)，式(2. 19)より

$$E(Z)=E\left(\frac{X-\mu}{\sigma}\right)=\frac{1}{\sigma}E(X)-\frac{\mu}{\sigma}=\frac{1}{\sigma}\mu-\frac{\mu}{\sigma}=0$$

$$V(Z)=V\left(\frac{X-\mu}{\sigma}\right)=\frac{1}{\sigma^2}V(X)=\frac{1}{\sigma^2}\sigma^2=1$$

となるから，確率変数 $Z=\dfrac{X-\mu}{\sigma}$ は $N(0,\ 1)$ に従う．この Z を**標準正規分布**に従う確率変数といい，Z は標準正規分布 $N(0,\ 1)$ に従い，その確率密度関数は

$$f(z)=\frac{1}{\sqrt{2\pi}}e^{-\frac{z^2}{2}} \qquad (-\infty<z<\infty)$$

である (図2. 11)．

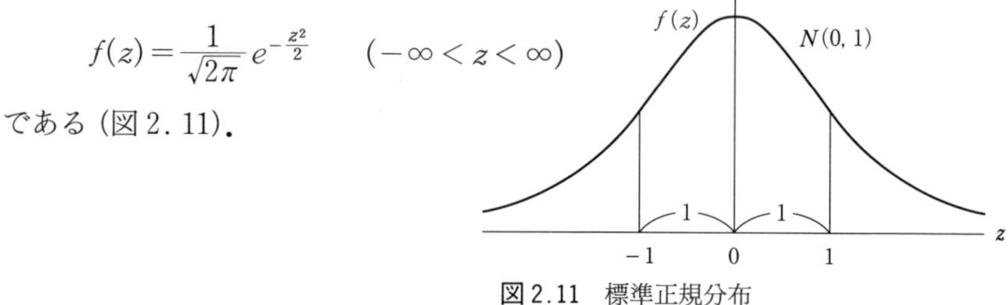

図2.11　標準正規分布

2. 7. 2　標準正規分布表

確率変数 Z が $N(0,\ 1)$ に従うときの確率の値が，巻末の標準正規分布 $N(0,\ 1)$ 表で与えられている．図2. 12の中で

$$z_0 \longrightarrow \mathrm{P}\{0 \leqq Z \leqq z_0\}=\int_0^{z_0}\frac{1}{\sqrt{2\pi}}e^{-\frac{z^2}{2}}dz$$

は，z_0 の値に対する $\mathrm{P}\{0 \leqq Z \leqq z_0\}$ は $0 \leqq Z \leqq z_0$ 上の確率であることを示している．逆に，確率 p が与えられたときの z 軸上の値 z_0 も巻末の標準正規分布 $N(0,\ 1)$ 表で与えられている (図2. 13)．

$$p=\int_0^{z_0}\frac{1}{\sqrt{2\pi}}e^{-\frac{z^2}{2}}dz \longrightarrow z_0$$

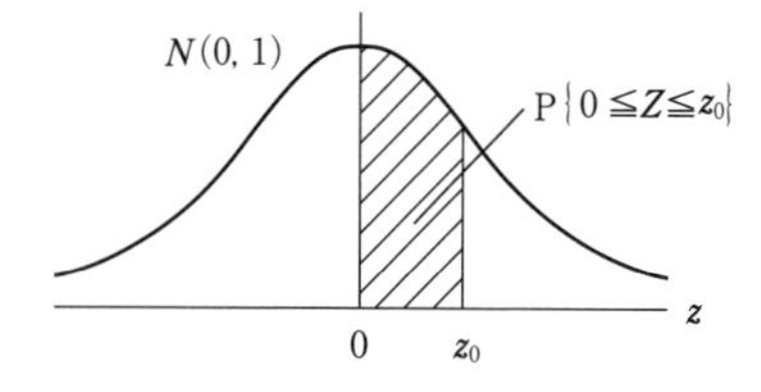

図2.12　標準正規分布

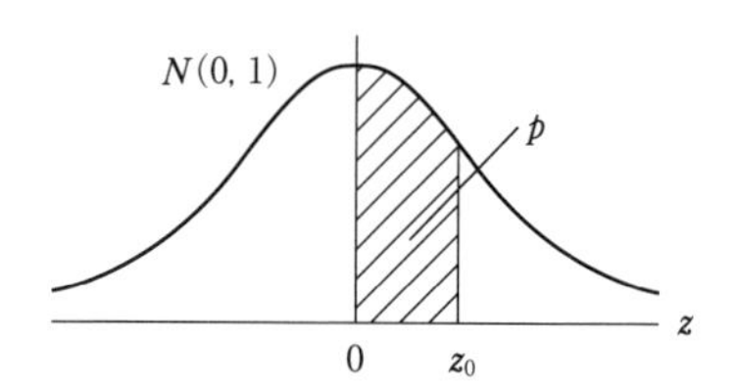

図2.13　標準正規分布

【例題 2.8】 確率変数 Z が $N(0,\ 1)$ に従うとき，次の確率を求めよ．

(1)　$\mathrm{P}\{0 < Z < 1.96\}$

(2)　$\mathrm{P}\{|Z| < 1\}$

(3)　$\mathrm{P}\{-1.35 \leqq Z \leqq 2.03\}$

解：(1)　標準正規分布 $N(0,\ 1)$ 表から，$z_0 = 1.96$ に対する確率の値は 0.4750 であるから

$$\mathrm{P}\{0 < Z < 1.96\} = 0.4750$$

(2)　$\mathrm{P}\{|Z| < 1\} = \mathrm{P}\{-1 < Z < 1\}$

$$= \mathrm{P}\{-1 < Z < 0\} + \mathrm{P}\{0 < Z < 1\}$$

$$= 2 \times \mathrm{P}\{0 < Z < 1\} = 2 \times 0.3413 = 0.6826$$

(3)　$\mathrm{P}\{-1.35 \leqq Z \leqq 2.03\} = \mathrm{P}\{0 \leqq Z \leqq 1.35\} + \mathrm{P}\{0 \leqq Z \leqq 2.03\}$

$$= 0.4115 + 0.4788 = 0.8903$$

【例題 2.9】 確率変数 Z が $N(0,\ 1)$ に従うとき，次の関係を満たす a と b の概略値を小数第1位まで四捨五入で求めよ．

(1)　$\mathrm{P}\{Z \leqq a\} = 0.1$

(2)　$\mathrm{P}\{-1.28 < Z < b\} = 0.5$

解：(1)　$N(0,\ 1)$ は，原点を中心に左右対称であるから，$\mathrm{P}\{Z \leqq a\} = 0.1$ となる a は原点より左側，すなわち負の値である．$N(0,\ 1)$ 表より

$$\mathrm{P}\{0 \leqq Z \leqq 1.2816\} = 0.4$$

であるから，

$$a = -1.2816$$

$$\fallingdotseq -1.3$$

(2)　$N(0,\ 1)$ 表より

$$\mathrm{P}\{0 < Z < 1.28\} = 0.3997$$

$$0.5 - 0.3997 = 0.1003 \fallingdotseq 0.100$$

$N(0,\ 1)$ 表より確率 0.100 となる z 軸の値は

$$\mathrm{P}\{0 < Z < 0.2533\} = 0.100$$

であるから

$$b = 0.2533 \fallingdotseq 0.3$$

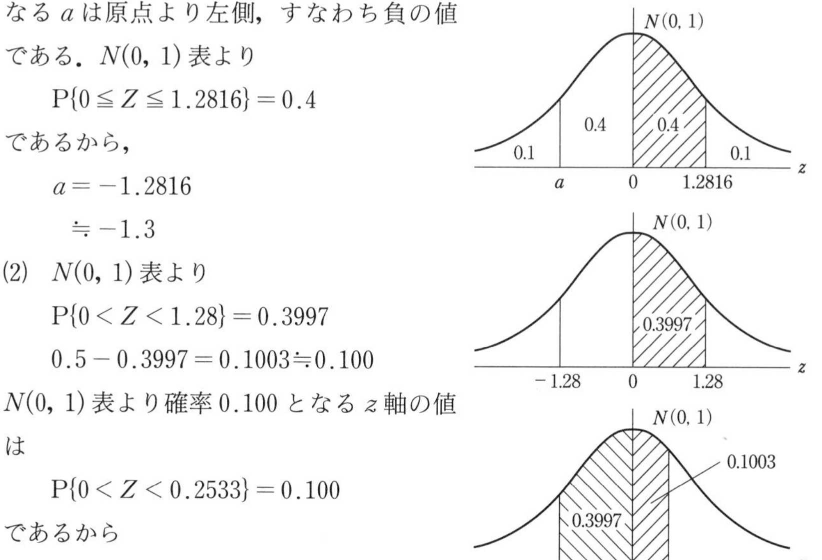

【例題 2.10】 確率変数 X が $N(50,\ 100)$ に従うとき

(1) $\mathrm{P}\{X > 64\}$ を求めよ．

(2) $\mathrm{P}\{X \leqq a\} = 0.83$ を満たす a の概略値を小数第1位まで四捨五入で求めよ．

解：確率変数 X が $N(50,\ 10^2)$ に従うから $Z = \dfrac{X-50}{10}$ は $N(0,\ 1)$ に従う．

(1) $\mathrm{P}\left\{\dfrac{X-50}{10} > \dfrac{64-50}{10}\right\} = \mathrm{P}\left\{Z > 1.4\right\}$

$N(0,\ 1)$ 表より

$$\mathrm{P}\{0 < Z < 1.4\} = 0.4192$$

であるから

$$\mathrm{P}\{Z > 1.4\} = 0.5 - 0.4192 = 0.0808$$

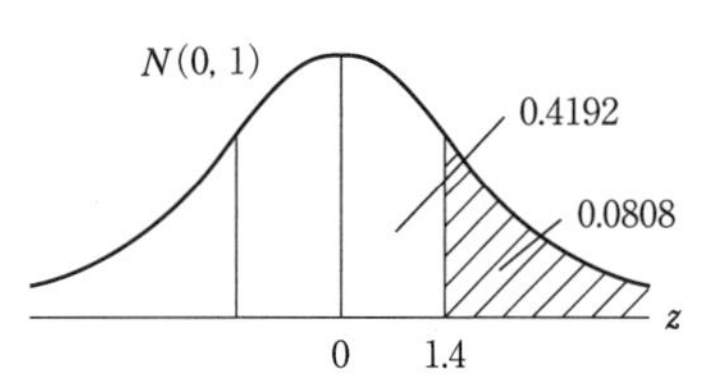

(2) $\mathrm{P}\left\{\dfrac{X-50}{10} \leqq \dfrac{a-50}{10}\right\} = 0.83$

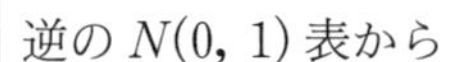
逆の $N(0,\ 1)$ 表から

$$\mathrm{P}\{0 \leqq Z < 0.9542\} = 0.33$$

$a' = \dfrac{a-50}{10} = 0.9542$ に対応するから

$$a = 50 + 0.9542 \times 10 = 59.542 \fallingdotseq 59.5$$

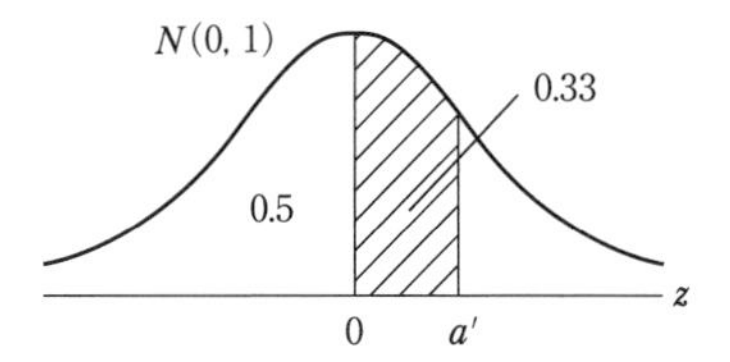

演習問題

2.1 全事象を $U = \{1,\ 2,\ 3,\ 4,\ 5,\ 6,\ 7,\ 8\}$ とし，各事象 $A,\ B,\ C$ について，

$A = \{1,\ 2,\ 3,\ 4\}$　　$B = \{2,\ 4,\ 6,\ 8\}$　　$C = \{2,\ 3,\ 5,\ 7\}$

としたとき，以下の確率を求めよ．

(1) $\mathrm{P}\{A \cup B\}$　　(2) $\mathrm{P}\{A \cap C\}$

(3) $\mathrm{P}\{B \cup C^c\}$　　(4) $\mathrm{P}\{A | C\}$

2.2 ある町では65％の家がA新聞をとっており，A新聞とB新聞の両方をとっている家が15％，少なくともどちらか1つの新聞をとっている家が85％あるという．この町の家を無作為に1件抽出したとき，

(1) この家がB新聞をとっている確率を求めよ．

(2) この家がA新聞かB新聞のどちらか1つだけをとっている確率を求

めよ．

(3) この家がA新聞もB新聞もとっていない確率を求めよ．

(4) この家がB新聞はとっているがA新聞はとっていない確率を求めよ．

2.3 箱の中に全く同じ形をしたボールが8個入っていて，1から8まで番号を割り当てている．番号1から5までは赤いボールで，6から8までは白いボールである．この箱から無作為にボールを1個とり出したとき，次の確率を求めよ．

(1) ボールの番号が偶数と知らされたとき，そのボールが白である．

(2) ボールの色が白と知らされたとき，そのボールが偶数である．

(3) とり出したボールについて「赤または偶数」であると知らされたとき，そのボールの番号が4である．

2.4 3枚のカードがあり，1枚には○が描いてあり，他の2枚には何も描いていない．裏から3枚の区別はつかない．裏返った3枚の中から○を当てるという試行5回繰り返す．次の確率を求めよ．

(1) 最初の3回は成功だが，あとの2回は失敗．

(2) 3回成功する．

(3) 少なくとも1回は成功する．

2.5 確率変数 X の確率分布が

$$\mathrm{P}\{X=3\}=\frac{1}{4} \qquad \mathrm{P}\{X=1\}=\frac{1}{3} \qquad \mathrm{P}\{X=-2\}=k$$

のとき，次の値を求めよ．

(1) k　(2) $\mathrm{P}\{X^2-2X-3 \leqq 0\}$　(3) $E(X)$　(4) $V(X)$

(5) $\begin{cases} E(aX+b)=0 \\ V(aX+b)=1 \end{cases}$ を満たす a, b (ただし $a>0$)

2.6 確率変数 X の確率密度関数 $f(x)$ が

$$f(x)=\begin{cases} ax^2(b-x) & (0 \leqq x \leqq 2) \\ 0 & (\text{その他}) \end{cases}$$

で与えられていて，X の平均が $\dfrac{6}{5}$ であるとする．

(1) a, b を求めよ．

(2) X の分散 $V(X)$ を求めよ．

2.7　確率変数 X が $N(10,\ 3^2)$ に従うとき，次の確率を求めよ．

(1)　$\mathrm{P}\{7 < X < 12\}$　　(2)　$\mathrm{P}\{13 < X < 15\}$

(3)　$\mathrm{P}\{11 \leqq X\}$　　(4)　$\mathrm{P}\{X < 14\}$

2.8　確率変数 X が $N(50,\ 10^2)$ に従うとき，次の関係を満たす a の概略値を小数第1位まで四捨五入で求めよ．

(1)　$\mathrm{P}\{X \geqq a\} = 0.95$　　(2)　$\mathrm{P}\{X \geqq a\} = 0.26$

(3)　$\mathrm{P}\{a \leqq X \leqq 72\} = 0.10$

2.9　X を離散型確率変数，a と b を定数とするとき，確率変数 $aX + b$ について

$$E(aX+b) = aE(X) + b$$

$$V(aX+b) = a^2 V(X)$$

が成り立つことを示せ．

第3章

標本分布

3.1　無作為抽出

ある高校の1年生300人の英語の得点（**特性**）X の分布は，平均70点，標準偏差10点の正規分布に従っているとする．この生徒の集団から1人を何らの作為もなく抽出し，その得点を記録し，元の集団に戻す操作（**復元抽出**）を4回繰り返して，資料

$$x_1 = 75 \qquad x_2 = 61 \qquad x_3 = 49 \qquad x_4 = 87$$

を得た．このことは，毎回の抽出において各生徒が1/300の確率で抽出されたことになる．その得点 $x_1 = 75$，$x_2 = 61$，$x_3 = 49$，$x_4 = 87$ は，確率変数 X の実現値になっている．また，1度取り出した生徒を元の集団に戻さない操作を繰り返すとき，これを**非復元抽出**という．この高校1年生300人の集団（300人の得点）を**母集団**という．また，母集団内の各得点をそれぞれの確率で抽出することを**無作為抽出**といい，無作為抽出によって得られた**個体**（個体の特性値）の集合を**標本**または**無作為標本**という．この生徒の集団から4人を復元抽出することを100回繰り返したとき，それぞれの抽出での4人の得点とその平均を表3.1に示す．

この表から一般に1組 n 人の得点 $(x_1, x_2, \cdots, x_n)$ の列は，n 個の独立な確

表3.1　大きさ4の標本変量と標本平均

No.	X_1	X_2	X_3	X_4	$\bar{X}$
1	75	61	49	87	68
2	64	84	74	92	78.5
⋮	⋮	⋮	⋮	⋮	⋮
100	64	75	61	56	64

率変数の組$(X_1, X_2, \cdots, X_n)$の実現値である．このとき，確率変数の組$(X_1, X_2, \cdots, X_n)$を**標本変量**といい，nを**標本の大きさ**という．そして，標本変量の関数も確率変数で，

$$Y = f(X_1, X_2, \cdots, X_n) \tag{3.1}$$

を**統計量** (statistic) といい，統計量の確率分布を**標本分布** (sample distribution) という．**標本平均** (sample mean)

$$\bar{X} = \frac{\sum_{i=1}^{n} X_i}{n} \tag{3.2}$$

は1つの統計量であり，実現値$(x_1, x_2, \cdots, x_n)$をもとにした

$$\bar{x} = \frac{\sum_{i=1}^{n} x_i}{n}$$

を標本平均の実現値という．この例では1組目の標本平均の実現値は$\bar{x} = 68$である．**標本分散** (sample variance)

$$S^2 = \frac{\sum_{i=1}^{n} (X_i - \bar{X})^2}{n} \tag{3.3}$$

と**標本標準偏差** (sample standard deviation)

$$S = \sqrt{S^2} \tag{3.4}$$

も1つの統計量である．

この例において英語の得点Xは，平均$\mu = 70$点，標準偏差$\sigma = 10$の正規分布に従っている．このように母集団の特性Xが確率変数になるとき，その確率分布を**母集団分布**という．また，$\mu = 70$や$\sigma = 10$のように母集団分布の特徴を表す値を**母数**または**パラメータ** (parameter) といい，μを母平均，σ^2を母分散，σを母標準偏差という．特に，確率変数が正規分布に従うとき，その母集団を**正規母集団**といい，正規母集団$N(\mu, \sigma^2)$で表わす．

ある市の男女の比率を対象にするとき，男の数をN_1人，女の数をN_2とする．市の総人口$N(= N_1 + N_2)$人のうちから1人を無作為に抽出し，その人が男である確率は$p\ (= N_1/N)$で，その人が女である確率は$q\ (= N_2/N)$であって，$p + q = 1$である．抽出された人が男であるとき確率変数は値1をとり，女であるときは値0をとるものとすると，そのときの確率分布は表3.2のように与えられる．

表 3.2　確率分布

確率変数	0	1
確率	q	p

このような母集団を**二項母集団**といい，確率 p を**母比率**という．この母集団から大きさ n（人）の標本を抽出したところ，男が r（人）であるとき，**標本比率**は $\bar{p}=r/n$ である．いま，$n=100$，$r=52$ のとき $\bar{p}$ の実現値は 52/100 である．われわれの目的は確率にもとづいて統計量から未知の母数を推測することである．これを**統計的推測** (statistical inference) という．

3.2　標本平均の分布

標本平均の標本分布は，母集団分布，標本の抽出方法，標本の大きさの違いによって次の結果が知られている．

(1)　母平均 μ，母分散 σ^2 の正規母集団 $N(\mu,\ \sigma^2)$ から復元抽出された大きさ n の無作為標本の標本平均 $\bar{X}$ は，正規分布 $N(\mu,\ \sigma^2/n)$ に従う．これを

$$\bar{X} \sim N\left(\mu,\ \frac{\sigma^2}{n}\right) \tag{3.5}$$

で表す．また，標準化した変数 $Z=\dfrac{\bar{X}-\mu}{\sigma/\sqrt{n}}$ は標準正規分布 $N(0,\ 1)$ に従う．

(2)　母平均 μ，母分散 σ^2 の母集団から復元抽出された大きさ n の無作為標本の標本平均 $\bar{X}$ の平均は母平均 μ に等しく，分散は σ^2/n に等しい．

(3)　母平均 μ，母分散 σ^2，個体数 N の**有限母集団**から非復元抽出された大きさ n の無作為標本の標本平均 $\bar{X}$ の平均は母平均 μ に等しく，分散は

$$\frac{N-n}{N-1}\cdot\frac{\sigma^2}{n}$$

に等しい．ここで，n に対し N が十分大きいとき，$(N-n)/(N-1)\fallingdotseq 1$ となるので，分散は σ^2/n となる．これより，無限母集団では復元抽出でも非復元抽出でも同一の結果が得られる．

(4)　**中心極限定理**：母平均 μ，母分散 σ^2 の任意分布の母集団から抽出された大きさ n の無作為標本の標本平均 $\bar{X}$ に対して，標準化した変数 $Z=\dfrac{\bar{X}-\mu}{\sigma/\sqrt{n}}$ の確率分布は，$n\to\infty$ のとき標準正規分布に収束する．

$$Z=\frac{\bar{X}-\mu}{\frac{\sigma}{\sqrt{n}}}\sim N(0,\ 1)$$

(5)　母比率 p である二項母集団から，大きさ n の標本を無作為抽出するとき，属性のあるカテゴリーが現れる度数を X とすると，X は二項分布に従い，その平均は np，分散は npq $(q=1-p)$ である．統計量

$$Z=\frac{X-np}{\sqrt{npq}}$$

は n が十分大きければ，近似的に標準正規分布 $N(0,\ 1)$ に従う．

図 3．1 は，母集団分布が $N(50,\ 5^2)$ に従うとき，この母集団から大きさ 25 の無作為標本の標本平均 $\bar{X}$ の分布は $N(50,\ 1^2)$ になることを示している．

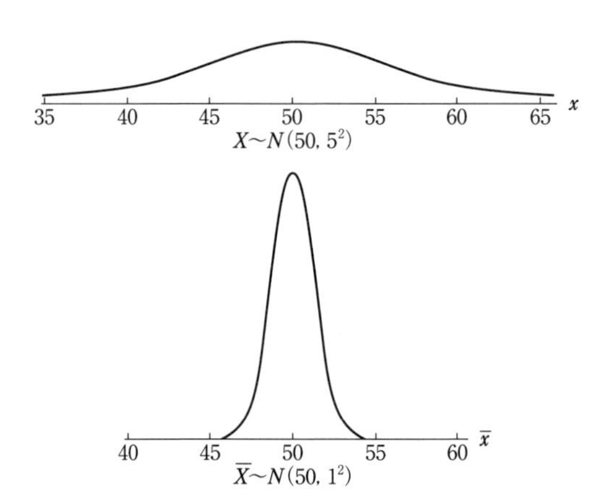

図 3.1　母集団分布と標本平均の分布

【例題 3.1】　ある高校の 3 年生の男子生徒の身長が平均 170 cm，標準偏差が 5 cm の正規分布に従っている．いま，4 人の男子生徒を無作為抽出したとき，4 人の平均身長が 174 cm 以上である確率を求めよ．

解：

$$Z=\frac{\bar{X}-170}{\frac{5}{\sqrt{4}}}$$

は $N(0,\ 1)$ に従うから，求める確率は

$$\mathrm{P}\{\bar{X} \geqq 174\} = \mathrm{P}\left\{Z \geqq \frac{174-170}{\frac{5}{\sqrt{4}}}\right\} = \mathrm{P}\{Z \geqq 1.6\} = 0.5 - 0.4452 = 0.0548$$

である．

3.3　$\boldsymbol{\chi}^2$ 分布

確率変数 Z が標準正規分布 $N(0,\ 1)$ に従うならば，統計量 $\chi^2 = Z^2$ は自由度 1 の χ^2（カイ 2 乗）分布に従う．この統計量を自由度 1 の **$\boldsymbol{\chi}^2$ 統計量**という．また，確率変数 X が正規分布 $N(\mu,\ \sigma^2)$ に従うならば，χ^2 変数 $\chi^2 = (X-\mu)^2/\sigma^2$ は自由度 1 の χ^2 分布に従う．これから次の結果が知られている．

(1)　$Z_1,\ Z_2,\ \cdots,\ Z_k$ は互いに独立に，標準正規分布 $N(0,\ 1)$ に従う確率変数とする．このとき統計量

$$\chi^2 = Z_1^2 + Z_2^2 + \cdots + Z_k^2 \tag{3.6}$$

は自由度 k の χ^2 分布に従う．したがって，$X_1,\ X_2,\ \cdots,\ X_k$ は互いに独立に，正規分布 $N(\mu,\ \sigma^2)$ に従う確率変数とする．統計量

$$\chi^2 = \frac{1}{\sigma^2}\{(X_1-\mu)^2 + (X_2-\mu)^2 + \cdots + (X_k-\mu)^2\} \tag{3.7}$$

は自由度 k の χ^2 分布に従う．

(2)　$X_1,\ X_2,\ \cdots,\ X_n$ は互いに独立に，正規分布 $N(\mu,\ \sigma^2)$ に従う確率変数とする．標本平均 $\bar{X}$ と標本分散 S^2 をもとに，統計量

$$\chi^2 = \frac{\sum_{i=1}^{n}(X_i - \bar{X})^2}{\sigma^2} = \frac{nS^2}{\sigma^2} \tag{3.8}$$

は自由度 $n-1$ の χ^2 分布に従う．

χ^2 分布の概形は図 3.2 のようになる．確率 α を指定し，$\mathrm{P}(\chi^2 > \chi_0^2) = \alpha$ を満たすような χ^2 の値 χ_0^2 を自由度 k の χ^2 分布の上側 $100\,\alpha$ %点という．図 3.3 で，斜線部分の面積が α に等しいような χ_0^2 の値のことである．巻末の χ^2 分布表では，それぞれの自由度 k に対し，α の値 0.995, 0.99, $\cdots$, 0.005 を与えたときの χ_0^2 の値を示している．たとえば，自由度 $k=3$ で $\alpha = 0.05$ のときは，$\chi_0^2 = 7.81$ である．

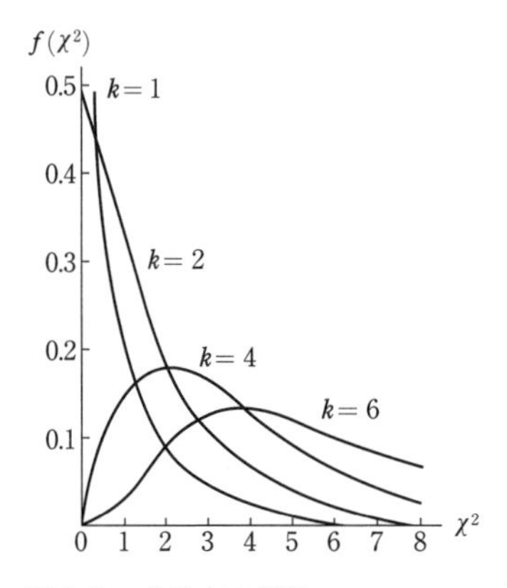

図 3.2　χ^2 分布の概形

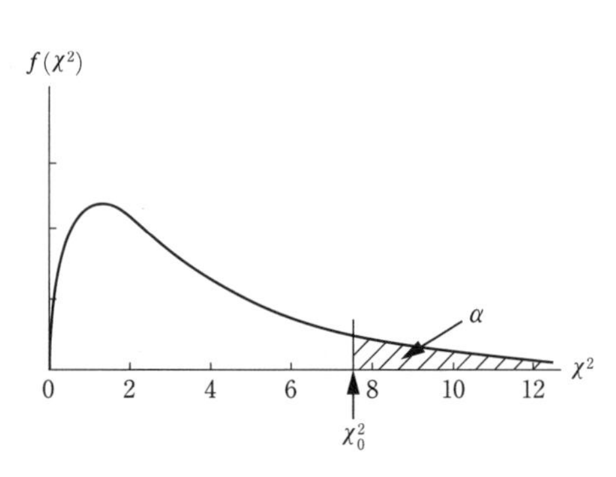

図 3.3　χ^2 分布と上側 100 α %点

【例題 3. 2】　χ^2 が自由度 k の χ^2 分布に従うとき，χ^2 分布を用いて以下の問に答えよ．

(1)　$k=4$, $P(\chi^2 \geqq \chi_0^2)=0.05$ を満足する χ_0^2 の値を求めよ．

(2)　$k=6$, $P(\chi^2 \geqq 14.45)=\alpha$ を満足する α の値を求めよ．

(3)　$k=8$, $P(\chi^2 < \chi_0^2)=0.025$ を満足する χ_0^2 の値を求めよ．

解：

(1)　$\chi_0^2=9.49$　　　(2)　$\alpha=0.025$　　　(3)　$\chi_0^2=2.18$

【例題 3. 3】　母分散 $\sigma^2=5$ である正規母集団から抽出した大きさ 4 の無作為標本が

8, 4, 11, 13

であった．このとき $\chi^2=\dfrac{nS^2}{\sigma^2}$ が，実現値 χ_0^2 より大きい確率を求めよ．

解：標本平均の実現値は $\bar{x}=9$ であり，$\dfrac{nS^2}{\sigma^2}$ は自由度 $n-1=4-1=3$ の χ^2 分布に従う．

$$\chi_0^2=\frac{1}{5}\{(8-9)^2+(4-9)^2+(11-9)^2+(13-9)^2\}=9.2$$

であり，χ^2 分布表より

$$P\{\chi^2 > \chi_0^2\}=P\{\chi^2 > 9.2\} \fallingdotseq 0.025$$

となる．

3.4　t 分布

t 分布については次の結果が知られている．

(1)　Z が標準正規分布 $N(0,\ 1)$ に従い，そして Y は自由度 k の χ^2 分布に従う互いに独立な確率変数であるとき

$$T=\frac{Z}{\sqrt{\dfrac{Y}{k}}} \tag{3.9}$$

は，自由度 k の t 分布に従う．この統計量を自由度 k の **t 統計量**という．

(2)　$\bar{X}$ が正規分布 $N(\mu,\ \sigma^2/n)$ に従うとき，$Z=\dfrac{\bar{X}-\mu}{\sigma/\sqrt{n}}$ は標準正規分布 $N(0,\ 1)$ に従う．また，$Y=(nS^2)/\sigma^2$ は自由度 $n-1$ の χ^2 分布に従う．これらは互いに独立であることがいえ，統計量

$$T=\frac{Z}{\sqrt{\dfrac{Y}{n-1}}}=\frac{\bar{X}-\mu}{\dfrac{S}{\sqrt{n-1}}} \tag{3.10}$$

は，自由度 $n-1$ の t 分布に従う．

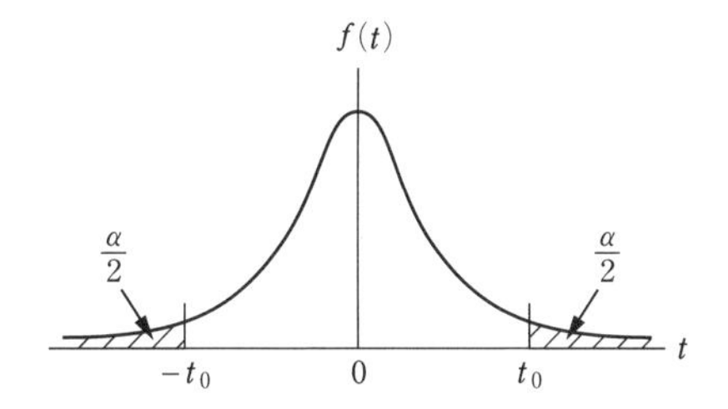

図 3.4　自由度 k の t 分布と両側 100α %点

t 分布の概形は図 3．4 のように縦軸に関して対称である．確率 α を指定し，$\mathrm{P}\{|T|>t_0\}=\alpha$ を満たすような T の値 t_0 を，自由度 k の t 分布の両側 $100\ \alpha$ %点という．図 3．4 で，斜線部分の面積が α に等しいような t_0 の値のことである．巻末の t 分布表では，それぞれの自由度 k に対し，α の値の 0.5，0.25，…，0.005 を与えたときの t_0 の値を示している．たとえば，自由度 $k=5$ で $\alpha=0.05$ のときは，$t_0=2.57$ である．

【例題 3.4】　T が自由度 k の t 分布に従うとき，t 分布表を用いて次の問に答えよ．

(1)　$k=2$，$\mathrm{P}\{|T|>t_0\}=0.25$ を満たすような t_0 の値を求めよ．

(2)　$k=4$，$\mathrm{P}\{|T|<2.78\}=\alpha$ を満たすような α の値を求めよ．

(3)　$k=6$，$\mathrm{P}\{T>t_0\}=0.05$ を満たすような t_0 の値を求めよ．

解：

(1)　$t_0=1.60$　　(2)　$\alpha=0.95$　　(3)　$t_0=1.94$

3.5　*F* 分布

F 分布については次の結果が知られている．

(1)　確率変数 V が自由度 m の χ^2 分布に従い，そして確率変数 W が自由度 n の χ^2 分布に従い，互いに独立であれば，

$$F=\frac{\dfrac{V}{m}}{\dfrac{W}{n}} \tag{3.11}$$

は，自由度 $(m,\ n)$ の F 分布に従う．この統計量を自由度 $(m,\ n)$ の F 統計量という．

(2)　$X_1,\ X_2,\ \cdots,\ X_{n_1}$ は正規分布 $N(\mu_1,\ \sigma_1^2)$ からの標本変量とし，また $Y_1,\ Y_2,\ \cdots,\ Y_{n_2}$ は正規分布 $N(\mu_2,\ \sigma_2^2)$ からの標本変量とする．ここで，$X_1,\ X_2,\ \cdots,\ X_{n_1}$ と $Y_1,\ Y_2,\ \cdots,\ Y_{n_2}$ は互いに独立とする．それぞれの標本平均，標本分散を

$$\bar{X}=\frac{\sum_{i=1}^{n_1}X_i}{n_1} \qquad S_1^2=\frac{\sum_{i=1}^{n_1}(X_i-\bar{X})^2}{n_1}$$

$$\bar{Y}=\frac{\sum_{i=1}^{n_2}Y_i}{n_2} \qquad S_2^2=\frac{\sum_{i=1}^{n_2}(Y_i-\bar{Y})^2}{n_2}$$

とする．

このとき $m=n_1-1$，$n=n_2-1$ とおくと，$V=(n_1S_1^2)/\sigma_1^2$ は自由度 m の χ^2 分布に従い，$W=(n_2S_2^2)/\sigma_2^2$ は自由度 n の χ^2 分布に従い，V と W は互いに独立である．

これらを用いると，統計量

$$F = \frac{\dfrac{V}{m}}{\dfrac{W}{n}} = \frac{(n_2 - 1)n_1\sigma_2^2 S_1^2}{(n_1 - 1)n_2\sigma_1^2 S_2^2} \tag{3. 12}$$

は自由度 $(m,\ n)$ の F 分布に従う．

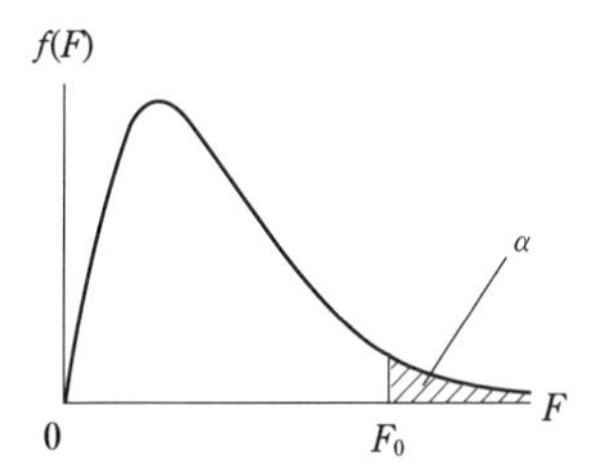

図 3.5　F 分布と上側 100 α %点

F 分布の概形は図 3.5 のようになる．確率 α を指定し，$\mathrm{P}(F \geqq F_0) = \alpha$ を満たすような F の値 F_0 を自由度 $(m,\ n)$ の F 分布の上側 100α%点という．図 3.5 で，斜線部分の面積が α に等しいような F_0 の値のことである．巻末の F 分布表では，それぞれの自由度 $(m,\ n)$ に対し，α の値 0.05, 0.025 を与えたときの F_0 の値を示している．たとえば，自由度 (3, 5) で $\alpha = 0.05$ のときは，$F_0 = 5.41$ である．

いま，自由度 $(m,\ n)$ の F 統計量が $\mathrm{P}(F \geqq F_0) = \alpha$ となるような F_0 を $F_{m,n}(\alpha)$ と表すとき，次のことが知られている．

$$F_{n,m}(1 - \alpha) = \frac{1}{F_{m,n}(\alpha)}$$

これは，F 分布表より $\mathrm{P}(F \geqq F_0) = 0.05$ が読み取れるので，$\mathrm{P}(F \geqq F_0) = 0.95$ を求めるのに役立つ．

【例題 3. 5】　確率変数 F が自由度 (6, 8) の F 分布に従うとき，

(1)　$\mathrm{P}(F \leqq F_0) = 0.05$ を満足する F_0 の値を求めよ．

(2)　$\mathrm{P}(F \geqq 0.18)$ を求めよ．

解：

(1)　$\mathrm{P}(F \geqq F_0) = \mathrm{P}(F \geqq F_{6,8}(0.95)) = 0.95$，ここで $F_{6,8}(0.95) = 1/F_{8,6}(0.05)$

であり，F 分布表より $F_{8,6}(0.05)=4.15$ であるから，

$$F_0=F_{6,8}(0.95)=0.241$$

(2)　$\mathrm{P}(F\geqq 0.18)=\mathrm{P}(1/F\leqq 1/0.18)=\mathrm{P}(1/F\leqq 5.556)=1-\mathrm{P}(1/F\geqq 5.556)$，ここで，$F$ 分布表より $F_{8,6}(0.05)=4.15$ そして $F_{8,6}(0.025)=5.6$ であるから $0.025<\mathrm{P}(1/F\geqq 5.556)<0.05$．したがって

$$0.975>\mathrm{P}(F\geqq 0.18)>0.95$$

演習問題

3.1　正規母集団 $N(50,\ 10^2)$ から無作為に大きさ $n=25$ の標本を抽出したとき，その標本の標本平均 $\bar{X}$ が次の範囲にある確率を求めよ．

(1)　$49<\bar{X}<51$　　(2)　$\bar{X}<44$

(3)　$|\bar{X}-48|<1$　　(4)　$\bar{X}>55$

3.2　自由度 $k=15$ のとき，χ^2 分布表より，次の χ_0^2 値を求めよ．

(1)　$\mathrm{P}\{\chi^2>\chi_0^2\}=0.05$　　(2)　$\mathrm{P}\{\chi^2>\chi_0^2\}=0.01$

3.3　自由度 $k=10$ のとき，t 分布表より，次の t_0 値を求めよ．

(1)　$\mathrm{P}\{|T|>t_0\}=0.05$　　(2)　$\mathrm{P}\{T>t_0\}=0.95$

3.4　ある高校の男子生徒の身長は，平均 172 cm，標準偏差 7 cm の正規分布に従うことが知られている．16 人の生徒を無作為に抽出して，その平均身長が 172 cm より 1 cm 以上大きくなる確率を求めよ．

3.5　正常な硬貨を無作為に 1600 回投げたとき，表の出る回数が平均値 800 回より 30 回以上多くなる確率を求めよ．

3.6　$\dfrac{nS^2}{\sigma^2}$ が自由度 $n-1$ の χ^2 分布に従うことを示せ．

3.7　$F_{n,m}(1-\alpha)=\dfrac{1}{F_{m,n}(\alpha)}$ を証明せよ．

第 4 章

統計的推定

4.1 推定量

母集団の母数 θ を，その母集団から無作為に抽出された標本をもとに推定することを考える．前章では，ある高校の 1 年生 300 人の英語の得点の分布は，母平均 $\mu=70$ 点，母標準偏差 $\sigma=10$ 点の正規分布に従っていると仮定した．ここでは，母平均 μ や母標準偏差 σ が未知として，標本をもとにした統計量から母数を推定することにする．この統計量を母数 θ の**推定量** (estimator) といい，$\hat{\theta}$ で表す．

高校の英語の得点の例では，300 人の生徒の集団から無作為に 4 人を抽出し，得られた得点は

$$x_1=75 \qquad x_2=61 \qquad x_3=49 \qquad x_4=87$$

であり，標本平均の実現値は $\bar{x}=68$ であった．この抽出を繰り返したとき，それぞれの標本平均は母平均 $\mu=70$ のまわりにバラツキ，そのバラツキ方は母分散 $\sigma^2=100$ より小さく，集中している．これは式(3. 5)での

$$E(\bar{X})=\mu=70 \qquad V(\bar{X})=\frac{\sigma^2}{n}=\frac{100}{4}=25$$

より，標本平均を繰り返し多く得たとき，標本平均の平均が母平均と等しくなり，標本平均の分散が母分散 σ^2 の 1/4 に等しい標本分布になることを表している．

このように，標本平均 $\bar{X}$ は未知の母平均 μ についての情報を含んでいる．標本平均 $\bar{X}$ のように，母平均 μ の推定量として選ばれた統計量を母平均 μ の推定量といい，標本平均の実現値 $\bar{x}$ を母平均 μ の**推定値** (estimate) という．

母数の推定方法は，**点推定**（point estimation）と**区間推定**（interval estimation）の2種類がある．抽出された標本をもとに母数の値を1つの値で推定する方法が点推定であり，母数の値を区間で推定し，真の母数の値がその区間内にあると推定する方法が区間推定である．

4.2　点推定

点推定は，1組の標本をもとに推定値を求め，それを用いて母数を推定する方法であるが，推定値が，真の母数の値に一致することはほとんどない．そこで，点推定を行う場合，推定量として望ましい性質をもった推定量を用いる必要がある．次のような性質を推定量として望ましい性質という．

4.2.1　不偏推定量

推定量 $\hat{\theta}$ の平均が，その母数 θ に一致する推定量を**不偏推定量**（unbiased estimator）という．すなわち

$$E(\hat{\theta})=\theta \tag{4.1}$$

であれば，$\hat{\theta}$ は θ の不偏推定量である．たとえば

$$E(\bar{X})=\mu$$

より，標本平均 $\bar{X}$ は母平均 μ の不偏推定量である．標本分散 S^2 は母分散 σ^2 の不偏推定量にならないが，推定量

$$U^2=\frac{\sum_{i=1}^{n}(X_i-\bar{X})^2}{n-1}$$

は $E(U^2)=\sigma^2$ となり，U^2 は母分散 σ^2 の不偏推定量になる．この U^2 を不偏分散推定量または標本不偏分散という．

4.2.2　一致推定量

標本数を限りなく大きくすると，推定しようとする母数 θ に限りなく近づく推定量を一致推定量という．すなわち，母数 θ の推定量を $\hat{\theta}_n$ とし，標本の大きさ n を無限に大きくするとき，任意の小さな数 ε に対して，

$$\lim_{n\to\infty}\mathrm{P}\{|\hat{\theta}_n-\theta|<\varepsilon\}=1 \tag{4.2}$$

または，余事象を考えて

$$\lim_{n\to\infty} \mathrm{P}\{|\hat{\theta}_n - \theta| \geqq \varepsilon\} = 0 \tag{4. 3}$$

である $\hat{\theta}_n$ は母数 θ の**一致推定量**（consistent estimator）という．標本平均 $\bar{X}$ は母平均 μ の一致推定量である．

4. 2. 3　有効推定量

2 つの不偏推定量を $\hat{\theta}_1$ と $\hat{\theta}_2$ とする．その分散をそれぞれ $V(\hat{\theta}_1)$ と $V(\hat{\theta}_2)$ とし

$$V(\hat{\theta}_1) < V(\hat{\theta}_2) \tag{4. 4}$$

なら，$\hat{\theta}_1$ は $\hat{\theta}_2$ より有効であるという．すべての不偏推定量の中で分散が最小な推定量があれば，その推定量を**有効推定量**（efficient estimator）という．たとえば正規母集団 $N(\mu,\ \sigma^2)$ において，標本中央値 $\tilde{X}$ は標本数が十分大きいとき，近似的に次の正規分布に従うことが知られている．

$$\tilde{X} \sim N\left(\mu,\ \frac{\sigma^2 \pi}{2n}\right)$$

これから，標本中央値と標本平均はどちらも μ の不偏推定量であり，一致推定量である．しかし，標本平均の分散は σ^2/n であり，標本中央値の分散は $(\pi\sigma^2)/(2n)$ であるので，標本平均は標本中央値より有効であるといえる．

【例題 4. 1】　$X_1,\ X_2,\ X_3$ を正規母集団 $N(\mu,\ \sigma^2)$ からの無作為標本とする．母数 μ の推定量として

$$\bar{X}_1 = \frac{X_1 + X_2}{2} \qquad \bar{X}_2 = \frac{X_1 + X_2 + X_3}{3}$$

を考えたとき，どちらが有効かを調べよ．

解：一般に，2 つの独立な確率変数を $X_1,\ X_2$ とするとき，

$$E(X_1 + X_2) = E(X_1) + E(X_2),\quad V(X_1 + X_2) = V(X_1) + V(X_2)$$

が知られている．これと式（2. 18），（2. 19）より

$$\bar{X}_1 \sim N\left(\mu,\ \frac{\sigma^2}{2}\right) \qquad \bar{X}_2 \sim N\left(\mu,\ \frac{\sigma^2}{3}\right)$$

であり，$\sigma^2/2 > \sigma^2/3$ より，$\bar{X}_2$ は $\bar{X}_1$ より有効である．

4.3　区間推定

点推定は，未知母数 θ を推定するため，推定量として望ましい性質をもった推定量 $\hat{\theta}$ を用い，得られた1組の標本をもとに推定値を求め，それで母数を推定する方法である．しかし，1組の標本が変わるごとに推定値は変動するので，ある信頼度をもって母数の値を区間で推定し，真の母数の値がその区間内にあると推定するのが区間推定である．

たとえば，母平均 μ が未知の正規母集団 $N(\mu,\ 10^2)$ から大きさ $n=4$ の無作為標本の標本平均 $\bar{X}$ の分布は，未知の母平均 μ を中心にバラツキ，分散 $\sigma^2/n=10^2/4$ の正規分布に従うことが知られている．これから，区間推定を行うことによって結論が誤る確率（**危険率**）α をあらかじめ定め，標本分布で**信頼係数** $(1-\alpha)$ に対応する標本平均がとりうる範囲の中で，最小な範囲を信頼区間とする．

推定量の関数である a，b を用い，指定された確率（危険率）α に対し

$$\mathrm{P}\{a<\theta<b\}=1-\alpha \tag{4.5}$$

を満たすような区間 $(a,\ b)$ のことを，信頼度 $100(1-\alpha)$％または**信頼係数** $1-\alpha$ の**信頼区間**（confidence interval）という．$1-\alpha$ は普通 0.95，0.99 をとることが多い．これを 95％信頼区間，99％信頼区間という．

4.3.1　母平均 μ（母分散が既知の場合）

正規母集団 $N(\mu,\ \sigma^2)$ において，σ^2 は既知とする．大きさ n の無作為標本の標本平均 $\bar{X}$ は正規分布 $N(\mu,\ \sigma^2/n)$ に従い，標準化した変数 $Z=\dfrac{\bar{X}-\mu}{\sigma/\sqrt{n}}$ は標準正規分布 $N(0,\ 1)$ に従うことが知られている．信頼係数 $1-\alpha=0.95$ として，$\alpha=0.05$ より Z の標準正規分布の両端の確率をそれぞれ 0.025 とし，巻末の標準正規分布表から上側 $100\cdot\dfrac{\alpha}{2}$％ $=2.5$％点，$z_{\frac{\alpha}{2}}=z_{0.025}=1.96$ を得る．

$$\mathrm{P}\left\{-z_{\frac{\alpha}{2}}<\frac{\bar{X}-\mu}{\frac{\sigma}{\sqrt{n}}}<z_{\frac{\alpha}{2}}\right\}=\mathrm{P}\left\{-1.96<\frac{\bar{X}-\mu}{\frac{\sigma}{\sqrt{n}}}<1.96\right\}=1-\alpha=0.95 \tag{4.6}$$

$$\mathrm{P}\left\{\bar{X}-\frac{1.96}{\sqrt{n}}\sigma<\mu<\bar{X}+\frac{1.96}{\sqrt{n}}\sigma\right\}=0.95 \tag{4.7}$$

ここで標本平均 $\bar{X}$ の実現値 $\bar{x}$ を用いれば，区間

$$\left(\bar{x}-\frac{1.96}{\sqrt{n}}\sigma,\ \bar{x}+\frac{1.96}{\sqrt{n}}\sigma\right) \tag{4.8}$$

が，母平均 μ の 95 %信頼区間になる．これは，異なる標本に対し，この信頼区間内に μ を含んでいるものの割合が 0.95 であるということである．

一般に，母平均 μ の $100(1-\alpha)$ %信頼区間は

$$\left(\bar{x}-z_{\frac{\alpha}{2}}\frac{\sigma}{\sqrt{n}},\ \bar{x}+z_{\frac{\alpha}{2}}\frac{\sigma}{\sqrt{n}}\right) \tag{4.9}$$

である．また，式(4. 7)は次のように表せる．

$$\mathrm{P}\left\{|\bar{X}-\mu|<\frac{1.96}{\sqrt{n}}\sigma\right\}=0.95$$

これは，μ と $\bar{X}$ の違いが $\frac{1.96}{\sqrt{n}}\sigma$ 以内である確率が 0.95 であるといえる．ここで

$$e=\frac{1.96}{\sqrt{n}}\sigma$$

を誤差の許容限度という．一般に誤差の許容限度は

$$e=\frac{z_{\frac{\alpha}{2}}}{\sqrt{n}}\sigma \tag{4.10}$$

で表される．また，与えられた信頼係数と誤差の許容限度のもとで

$$n=\left(\frac{z_{\frac{\alpha}{2}}\sigma}{e}\right)^2 \tag{4.11}$$

より，推定に必要な標本の大きさを求めることができる．

【例題 4. 2】　ある県の高校生の体重の分布は，正規分布 $N(\mu,\ 2^2)$ に従うことが知られている．この高校生の集団から無作為に抽出した 9 人の体重は

60，76，68，53，82，71，64，58，56

であった．μ の 95 %信頼区間を求めよ．

解：標本平均の実現値は $\bar{x}=\frac{588}{9}=65.33\cdots\fallingdotseq 65.3$ である．$\bar{X}$ は $N(\mu,\ \sigma^2/n)$ に従い，$\frac{\bar{X}-\mu}{\sigma/\sqrt{n}}$ は $N(0,\ 1)$ に従う．$N(0,\ 1)$ 表から $z_{0.025}=1.96$ である．母平均 μ の 95 %信頼区間は式(4. 8)より，次のように得られる．

$$\left(65.3-\frac{1.96}{\sqrt{9}}2,\ 65.3+\frac{1.96}{\sqrt{9}}2\right)=(63.99\cdots,\ 66.60\cdots)\fallingdotseq(64.0,\ 66.6)$$

【例題 4.3】　確率変数 X が母集団分布 $N(\mu,\ 3^2)$ に従うとき，信頼係数 0.95 で誤差の許容限度を 1 以下にしたい．標本の大きさはどれ位必要であるか求めよ．

解：$e=\dfrac{z_{0.025}}{\sqrt{n}}\sigma<1$ となる標本の大きさは $n>(1.96\times3)^2=(5.88)^2=34.5\cdots$

これより，35 以上の標本の大きさが必要である．

4.3.2　母平均 μ（母分散が未知の場合）

母集団分布 $N(\mu,\ \sigma^2)$ において，σ^2 は未知とする．

$$T=\frac{\bar{X}-\mu}{\dfrac{S}{\sqrt{n-1}}} \tag{4.12}$$

は，自由度 $n-1$ の t 分布に従う．ただし，

$$S^2=\frac{\sum_{i=1}^{n}(X_i-\bar{X})^2}{n}$$

である．仮に $\alpha=0.05$ とし，自由度 $n-1$ の t 分布を用いれば

$$\mathrm{P}\{|T|<t_{n-1}(0.05)\}=1-\alpha=0.95 \tag{4.13}$$

を満たす信頼区間を求める．ここで $t_{n-1}(0.05)$ は，自由度 $n-1$ の t 分布の両端の確率をそれぞれ 0.025 としたときの，両端 5 %点である．ここで，$\bar{X}$ と S^2 の実現値，$\bar{x}$ と s^2 を用いれば，区間

$$\left(\bar{x}-t_{n-1}(0.05)\frac{s}{\sqrt{n-1}},\ \bar{x}+t_{n-1}(0.05)\frac{s}{\sqrt{n-1}}\right) \tag{4.14}$$

が，母平均 μ の 95 %信頼区間になる．一般に，母平均 μ の 100 $(1-\alpha)$ %信頼区間は，次の様に得られる．

$$\left(\bar{x}-t_{n-1}(\alpha)\frac{s}{\sqrt{n-1}},\ \bar{x}+t_{n-1}(\alpha)\frac{s}{\sqrt{n-1}}\right) \tag{4.15}$$

【例題 4.4】　正規分布 $N(\mu,\ \sigma^2)$ から大きさ 10 の無作為標本を観測し，$\bar{x}=8.0$，$s^2=16.00$ を得た．これから μ の 95 %信頼区間を求めよ．

解：$t=\dfrac{\bar{X}-\mu}{S/\sqrt{n-1}}$ は自由度 $n-1=9$ の t 分布に従う．t 分布表より，

$t_{10-1}(0.05)=2.26$ である．母平均 μ の 95％信頼区間は式(4.14)より，次のように得られる．

$$\left(8-t_9(0.05)\frac{4}{\sqrt{10-1}},\ 8+t_9(0.05)\frac{4}{\sqrt{10-1}}\right)$$

$$=\left(8-2.26\frac{4}{3},\ 8+2.26\frac{4}{3}\right)=(4.986\cdots,\ 11.013\cdots)\fallingdotseq(5.0,\ 11.0)$$

4.3.3 母比率 p（大標本の場合）

母集団における比率，たとえば投票率，不良率などの母比率 p を区間推定する．不良率 p の製品の山から，大きさ n の標本を無作為に抽出し，不良品が r 個観測された．この r は二項分布 $B(n,\ p)$ に従うが，もし，標本の大きさが十分大きいとき，中心極限定理より r の二項分布を正規分布 $N(np,\ np(1-p))$ で近似できることが知られている．これから標本比率 $\bar{p}=r/n$ は，n が十分大きいとき，近似的に

$$\bar{p}\sim N\left(p,\ \frac{p(1-p)}{n}\right) \tag{4.16}$$

で表せる．これより，n が十分大きいとき，確率変数

$$Z=\frac{\bar{p}-p}{\sqrt{\dfrac{p(1-p)}{n}}} \tag{4.17}$$

の分布は標準正規分布 $N(0,\ 1)$ に近似される．ここで α に対して

$$\mathrm{P}\left\{-z_{\frac{\alpha}{2}}<\frac{\bar{p}-p}{\sqrt{\dfrac{p(1-p)}{n}}}<z_{\frac{\alpha}{2}}\right\}=1-\alpha \tag{4.18}$$

より信頼区間を求めればよい．ここで，n は十分大と仮定しているので，$1/n$ 程度の微小量を省略すると，区間

$$\left(\bar{p}-z_{\frac{\alpha}{2}}\sqrt{\frac{\bar{p}(1-\bar{p})}{n}},\ \bar{p}+z_{\frac{\alpha}{2}}\sqrt{\frac{\bar{p}(1-\bar{p})}{n}}\right) \tag{4.19}$$

を，母比率 p の $100(1-\alpha)$％信頼区間として使っている．一般に誤差の許容限度は

$$e=z_{\frac{\alpha}{2}}\sqrt{\frac{\bar{p}(1-\bar{p})}{n}} \tag{4.20}$$

で表される．また，与えられた信頼係数と誤差の許容限度のもとで

$$n=\frac{z_{\frac{\alpha}{2}}^2\bar{p}(1-\bar{p})}{e^2} \tag{4.21}$$

より，必要な標本数を求めることができる．

【例題 4.5】　ある県の有権者 80 人を無作為に選び，政党 A の支持率を調べたところ，支持率は 15 %であった．この調査から母比率の 95 %信頼区間を求めよ．

解：$Z=\dfrac{\bar{p}-p}{\sqrt{p(1-p)/n}}$ の分布は n が十分大きいとき，近似的に $N(0,\ 1)$ に従う．$N(0,\ 1)$ 表より $z_{0.025}=1.96$ である．母比率の 95 %信頼区間は式(4.19)より，次のように得られる．

$$\left(0.15-1.96\sqrt{\frac{0.15(1-0.15)}{80}},\ 0.15+1.96\sqrt{\frac{0.15(1-0.15)}{80}}\right)$$
$$=(0.0717\cdots,\ 0.228\cdots)\fallingdotseq(0.072,\ 0.228)$$

4.3.4　母分散 σ^2（母平均が既知の場合）

$X_1,\ X_2,\ \cdots,\ X_n$ が正規母集団 $N(\mu,\ \sigma^2)$ からの標本変量で，μ は既知とする．$(X_i-\mu)/\sigma\ (i=1,\ \cdots,\ n)$ は標準正規分布 $N(0,\ 1)$ に従うので

$$\chi^2=\sum_{i=1}^{n}\left(\frac{X_i-\mu}{\sigma}\right)^2 \tag{4.22}$$

は自由度 n の χ^2 分布に従う．いま

$$S_0^2=\frac{\sum_{i=1}^{n}(X_i-\mu)^2}{n} \tag{4.23}$$

と置くと，nS_0^2/σ^2 は自由度 n の χ^2 分布に従う．ここで α に対して，χ^2 分布の両端の確率をそれぞれ $\dfrac{\alpha}{2}$ とし，χ^2 分布の上側 $100\dfrac{\alpha}{2}$ %点，$100\left(1-\dfrac{\alpha}{2}\right)$%点を $\chi_n^2\left(\dfrac{\alpha}{2}\right)$，$\chi_n^2\left(1-\dfrac{\alpha}{2}\right)$ とすると

$$\mathrm{P}\left\{\chi_n^2\left(1-\frac{\alpha}{2}\right)<\chi^2<\chi_n^2\left(\frac{\alpha}{2}\right)\right\}=1-\alpha \tag{4.24}$$

である．または

$$\mathrm{P}\left\{\chi_n^2\left(1-\frac{\alpha}{2}\right)<\frac{nS_0^2}{\sigma^2}<\chi_n^2\left(\frac{\alpha}{2}\right)\right\}=1-\alpha \tag{4.25}$$

である．ここで S_0^2 の実現値 s_0^2 を用いれば，区間

$$\left(\frac{ns_0^2}{\chi_n^2\left(\frac{\alpha}{2}\right)},\ \frac{ns_0^2}{\chi_n^2\left(1-\frac{\alpha}{2}\right)}\right) \tag{4.26}$$

が，母分散 σ^2 の $100(1-\alpha)\%$ 信頼区間になる．

4.3.5　母分散 σ^2（母平均が未知の場合）

$X_1, X_2, \cdots, X_n$ が正規母集団 $N(\mu, \sigma^2)$ からの標本変量で，μ は未知とする．標本分散

$$S^2=\frac{\sum_{i=1}^{n}(X_i-\bar{X})^2}{n} \tag{4.27}$$

をもとに nS^2/σ^2 は自由度 $n-1$ の χ^2 分布に従う．ここで α に対して，χ^2 分布の上側 $100\frac{\alpha}{2}\%$ 点，$100\left(1-\frac{\alpha}{2}\right)\%$ 点を，$\chi_{n-1}^2\left(\frac{\alpha}{2}\right)$，$\chi_{n-1}^2\left(1-\frac{\alpha}{2}\right)$ とすると

$$\mathrm{P}\left\{\chi_{n-1}^2\left(1-\frac{\alpha}{2}\right)<\chi^2<\chi_{n-1}^2\left(\frac{\alpha}{2}\right)\right\}=1-\alpha \tag{4.28}$$

または

$$\mathrm{P}\left\{\chi_{n-1}^2\left(1-\frac{\alpha}{2}\right)<\frac{nS^2}{\sigma^2}<\chi_{n-1}^2\left(\frac{\alpha}{2}\right)\right\}=1-\alpha \tag{4.29}$$

である．ここで S^2 の実現値 s^2 を用いれば，区間

$$\left(\frac{ns^2}{\chi_{n-1}^2\left(\frac{\alpha}{2}\right)},\ \frac{ns^2}{\chi_{n-1}^2\left(1-\frac{\alpha}{2}\right)}\right) \tag{4.30}$$

が，母分散 σ^2 の $100(1-\alpha)\%$ 信頼区間になる．

【例題 4.6】　正規母集団 $N(\mu, \sigma^2)$ から大きさ 4 の無作為標本が 8，6，9，13 であった．これから母分散 σ^2 の 95 %信頼区間を求めよ．

解：標本平均の実現値は $\bar{x}=9.0$ であり，

$$ns^2=(8-9)^2+(6-9)^2+(9-9)^2+(13-9)^2=26$$

である．χ^2 は自由度 $4-1=3$ の χ^2 分布に従うから，χ^2 分布表より，

$\chi_3^2(0.025)=9.35$，$\chi_3^2(0.975)=0.216$ である．これより母分散 σ^2 の 95％信頼区間は式(4.30)より，次のように得られる．

$$\left(\frac{26}{9.35},\ \frac{26}{0.216}\right)=(2.781\cdots,\ 120.370\cdots)\fallingdotseq(2.78,\ 120.37)$$

演習問題

4.1　正規母集団 $N(\mu,\ \sigma^2)$ から大きさ5の無作為標本を

12.3，12.4，12.1，12.4，12.2

としたとき，標本平均の実現値 $\bar{x}$，標本分散の実現値 s^2 を用いて，次の場合の母平均 μ の 95％信頼区間を求めよ．

(1)　母標準偏差 σ が未知のとき　　　(2)　母標準偏差 $\sigma=1$ のとき

4.2　ある大学の大学生の身長の分布は，分散 $\sigma^2=25$ の正規分布に従うことが知られている．この大学生の集団から無作為標本 168，171，178，172，165 を得た．このとき，身長の母平均 μ の 95％信頼区間を求めよ．

4.3　演習問題4.2において，信頼係数0.95で誤差の許容限度を2以下にしたいとき，標本の大きさはどれ位必要であるか求めよ．

4.4　ある工場で製造している製品の山から，5個を無作為に抽出して，重量(kg)を調べたところ次の結果を得た．母平均 μ の 95％信頼区間を求めよ．ただし，重量は正規分布に従うものとする．

2.12，2.56，1.98，2.33，2.46

4.5　ある市の住民にある意見についての賛成者の比率を調べるために住民100人を無作為に選び，賛成の比率を調べたところ，賛成率は36％であった．この調査から母比率の 95％信頼区間を求めよ．

4.6　正規母集団 $N(\mu,\ \sigma^2)$ から大きさ5の無作為標本が

12，15，10，13，11

であった．これから母分散 σ^2 の 95％信頼区間を求めよ．

4.7　標本分散 S^2 は，母分散 σ^2 の不偏推定量になっていないことを調べ，σ^2 の不偏推定量を求めよ．

第5章
仮説検定

5.1 仮説検定

毎年ある高校に入学してくる1年生の，英語の得点の分布は過去の経験から平均70点，標準偏差10点の正規分布に従っていると考えられる．今年入学してきた1年生の中から10人を無作為に抽出し，得られた得点は

$$x_1 = 75 \quad x_2 = 61 \quad x_3 = 49 \quad x_4 = 87 \quad x_5 = 63$$
$$x_6 = 81 \quad x_7 = 57 \quad x_8 = 86 \quad x_9 = 68 \quad x_{10} = 53$$

であった．この10人のデータから，今年の入学者の英語の能力が例年より劣っているかどうかを調べたい．確かに標本平均の実現値は $\bar{x} = 68$ であるので例年より低い．しかし「たまたまこのデータが得られただけだ」と言われるかもしれない．統計学的に判断するにはどうすればよいのだろうか．

まず，仮説として

H_0：「今年の入学者の英語の平均得点は70点である」$(\mu = \mu_0 = 70)$

と置く．それに対して

H_1：「今年の入学者の英語の平均得点は70点より低い」$(\mu < \mu_0 = 70)$

という仮説をたてる．今年の入学者の英語の得点分布も標準偏差10点の正規分布に従っているものとし，今年の母平均を μ とすると，第3章より $\bar{X}$ は $N(\mu,\ 10^2/10) = N(\mu,\ 10)$ に従う．H_0 が正しければ $\mu_0 = 70$ である．そのとき標本平均が今回の実現値より小さくなる確率を求める．

$$\mathrm{P}\{\bar{X} \leqq 68\} = \mathrm{P}\left\{\frac{\bar{X} - 70}{\sqrt{10}} \leqq \frac{68 - 70}{\sqrt{10}}\right\}$$
$$= \mathrm{P}\{Z \leqq -0.63\} = 0.2643$$

このくらいの確率であれば，$\mu=70$ と考えても差し支えない．この場合仮説 H_0 を採択することになる．なお，この確率が 0.05 以下といった小さな確率でしかない場合は平均 70 点と考えるのは難しく，70 点以下であると考えるのが自然であろう．

このように母集団に関する仮説を設け，標本からその真偽を判断することを**統計的仮説検定**（test of statistical hypothesis）という．今回の仮説検定では英語の能力が例年より劣っているかどうかに興味があるが，とりあえず劣っていないとする仮説をたて，それを**帰無仮説**（null hypothesis，H_0）という．それに対して劣っているとする仮説を**対立仮説**（alternative hypothesis，H_1）という．また H_0 が正しいのに H_0 を棄却する確率を**有意水準**（significance level）（または**危険率**）といい，α で表す．有意水準は予め $\alpha=0.05$，0.01 といった小さな確率を与えることが多い．また，これを有意水準 5％，1％と表す．正規母集団 $N(\mu,\ \sigma^2)$ における母平均 μ について検定を行うとき，帰無仮説 $H_0：\mu=\mu_0$ に対して対立仮説を $H_1：\mu>\mu_0$ や $H_1：\mu<\mu_0$ のようにしたとき，つまり母平均がどちらか片方に大きいか小さいかを考える検定を**片側検定**といい，前者を右片側検定，後者を左片側検定という．また対立仮説を $H_1：\mu\neq\mu_0$ とたてて考える検定を**両側検定**という．

たとえばある公共施設の拡張について，その施設の利用者が増加したかどうかで実施する場合，利用者数のデータを用いて検定するときに対立仮説として“$\mu>\mu_0$”とおけばよい（減少していれば拡張の必要などないのだから）．それに対してある工業製品の部品を製造する際に規格どおり生産されているかどうかを検定する場合は，両側検定を採用するのが妥当であろう．

5.2　正規母集団の母平均 μ の仮説検定

5.2.1　母分散 σ^2 が既知の場合

正規母集団 $N(\mu,\ \sigma^2)$ から抽出された大きさ n の無作為標本をもとに，母平均 μ を有意水準 100α％で両側検定する手順を示す．ただし，母分散 σ^2 が既知とする．

(i)　帰無仮説 $H_0：\mu=\mu_0$，対立仮説 $H_1：\mu\neq\mu_0$ とする．

(ii)　帰無仮説 H_0 が正しいと仮定したとき，**検定統計量**

$$Z = \frac{\bar{X} - \mu_0}{\frac{\sigma}{\sqrt{n}}}$$

は標準正規分布 $N(0,\ 1)$ に従う．

(iii)　有意水準 α に対する**棄却域**（仮説 H_0 が正しいと仮定したとき統計量の実現値がその領域に入れば H_0 を棄却する領域）R を，対立仮説 H_1 に関連して求める．標準正規分布の上側 $100\frac{\alpha}{2}$ %点を $z_{\frac{\alpha}{2}}$ としたとき，棄却域は

$$R = (-\infty,\ -z_{\frac{\alpha}{2}}) \cup (z_{\frac{\alpha}{2}},\ \infty)$$

となる（図5.1(a)）．また，$1-\alpha$ に対する**採択域**（H_0 が正しいと仮定したとき統計量の実現値がその領域に入れば H_0 を採択する領域）A を，対立仮説に関連して求める．採択域は

$$A = (-z_{\frac{\alpha}{2}},\ z_{\frac{\alpha}{2}})$$

である．主な z_α として標準正規分布 $N(0,\ 1)$ 表より

$$z_{0.005} = 2.576 \qquad z_{0.01} = 2.326 \qquad z_{0.025} = 1.960 \qquad z_{0.05} = 1.645$$

を用いる．

(iv)　データをもとに検定統計量 Z の実現値 Z_0 を計算する．検定統計量の実現値 Z_0 が棄却域に入っていれば（つまり $Z_0 < -z_{\frac{\alpha}{2}}$ または $Z_0 > z_{\frac{\alpha}{2}}$ ならば），有意水準 α で「帰無仮説 H_0 は棄却される」といい，$\mu = \mu_0$ とは認められないと判断される．Z_0 が棄却域に入らないならば有意水準 α で「帰無仮説 H_0 は棄却されない」，または「帰無仮説 H_0 は採択される」といい，$\mu = \mu_0$ は否定できない．

一方，$H_1 : \mu < \mu_0$（左片側検定）の場合は，棄却域は $R = (-\infty,\ -z_\alpha)$ であり（図5.1(b)），$Z_0 < -z_\alpha$ ならば H_0 は棄却される．また対立仮説が $H_1 : \mu > \mu_0$（右片側検定）の場合，棄却域は $R = (z_\alpha,\ \infty)$ であり（図5.1(c)），$Z_0 > z_\alpha$ ならば H_0 は棄却される．

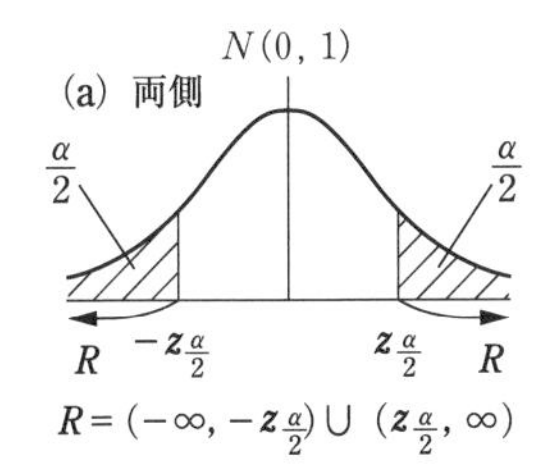

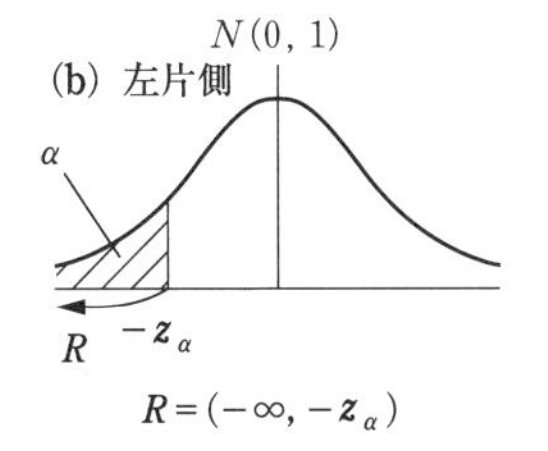

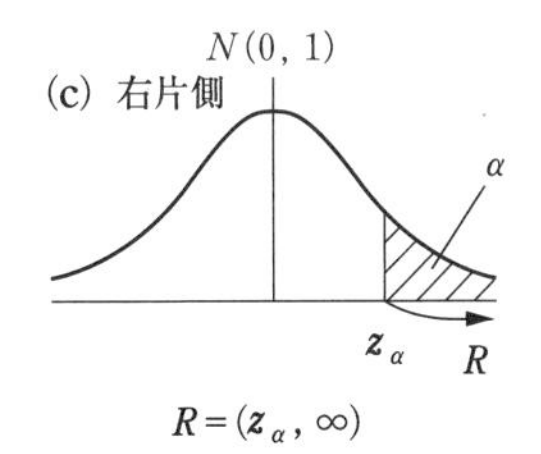

図5.1　両側検定と片側検定

【例題 5.1】　ある大学の学生の携帯電話を操作する時間は，これまで週平均25時間，標準偏差8時間の正規分布に従っていると考えられている．今年の新入生から無作為に抽出された10人を調査したところ，携帯電話の操作時間の標本平均の実現値は31時間であった．今年の新入生が携帯電話を操作する時間の平均は例年と異なっていると考えてもよいだろうか．有意水準5％で検定せよ．

解：

(i)　H_0：新入生が携帯電話を操作する時間の週平均は25時間である（$\mu=\mu_0=25$）

H_1：新入生が携帯電話を操作する時間の週平均は25時間でない（$\mu\neq\mu_0=25$）

とする．この検定は両側検定である．

(ii)　母分散が既知（$\sigma^2=8^2$）であるので，帰無仮説 H_0 の下で検定統計量

$$Z=\frac{\bar{X}-\mu_0}{\frac{\sigma}{\sqrt{n}}}$$

は標準正規分布 $N(0,\ 1)$ に従う．

(iii)　有意水準5％の両側検定より，標準正規分布表より $z_{0.025}=1.96$ から棄却域は $R=(-\infty,\ -1.96)\cup(1.96,\ \infty)$ である．

(iv)　Z の実現値 Z_0 は $\mu_0=25$，$\bar{x}=31$，$\sigma=8$，$n=10$ より

$$Z_0=\frac{31-25}{\frac{8}{\sqrt{10}}}=2.372$$

となる．$Z_0=2.372>1.96$ より Z_0 は棄却域に入る．よって H_0 は棄却される．検定の結果，今年の新入生が携帯電話を操作する時間の平均は例年とは異なるといえる．

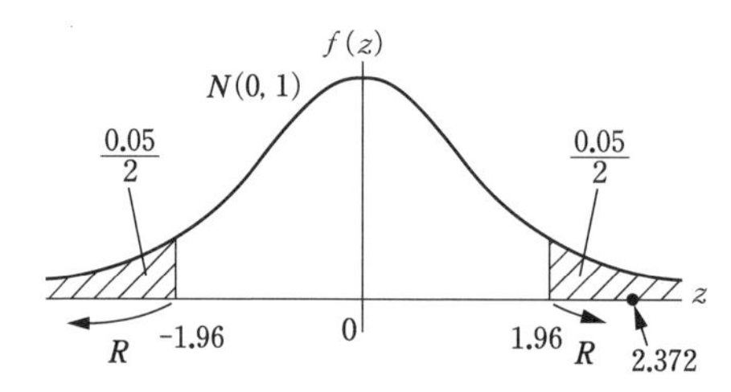

5.2.2　母分散 σ^2 が未知の場合

正規母集団 $N(\mu,\ \sigma^2)$ から抽出された大きさ n の無作為標本をもとに，母平均 μ を有意水準 $100\,\alpha$ %で検定する手順を示す．ただし，母分散 σ^2 は未知とする．

(i)　帰無仮説 H_0：$\mu = \mu_0$，対立仮説 H_1 を設定する．

(ii)　帰無仮説 H_0 の下で**検定統計量**

$$T = \frac{\bar{X} - \mu_0}{\dfrac{S}{\sqrt{n-1}}}$$

は自由度 $n-1$ の t 分布に従う．

(iii)　有意水準 $100\,\alpha$ %に対する棄却域 R を，対立仮説 H_1 に関連して求める．自由度 $n-1$ の t 分布の両側 $100\,\alpha$ %点を $t_{n-1}(\alpha)$ としたとき，

対立仮説 H_1 が $\mu \neq \mu_0$（両側検定）のとき：$R = (-\infty,\ -t_{n-1}(\alpha)) \cup (t_{n-1}(\alpha),\ \infty)$,

対立仮説 H_1 が $\mu > \mu_0$（右片側検定）のとき：$R = (t_{n-1}(2\alpha),\ \infty)$,

対立仮説 H_1 が $\mu < \mu_0$（左片側検定）のとき：$R = (-\infty,\ -t_{n-1}(2\alpha))$

である．ここで $t_{n-1}(\alpha)$ の値は巻末の t 分布表から得られる．また，ここでの α は上側と下側にそれぞれ $\alpha/2$ ずつ分かれているため，標準正規分布表と混同しないように注意しよう．たとえば有意水準 5 %の片側検定であれば，t 分布表の α が 0.10 の欄を参照する．

(iv)　標本平均の実現値 $\bar{x}$ と標本標準偏差の実現値 s を求めて検定統計量 T の実現値 T_0 を計算する．T_0 が棄却域に入るならば有意水準 α で帰無仮説 H_0 は棄却され，T_0 が棄却域に入らないならば有意水準 α で帰無仮説 H_0 は棄却されない．

【例題 5.2】　ある製薬会社のビタミン剤には，ある種類のビタミンが 1 錠あたり平均 30 mg 含まれていると表示されている．10 錠を無作為に抽出したところ，つぎのような含有量の測定値が得られた．

28.7，28.4，31.4，30.1，29.0，29.7，31.1，29.1，28.6，28.9

このビタミンの平均含有量が本当に 30 mg かどうかを有意水準 5 %で検定せよ．ただし，含有量は正規分布 $N(\mu,\ \sigma^2)$ に従うとする．

解：10個のデータより $\bar{x}=29.5$，$s^2=1$ である．

(i)　H_0：ビタミンの含有量の平均は30 mgである（$\mu=\mu_0=30$）

　　H_1：ビタミンの含有量の平均は30 mgでない（$\mu\neq\mu_0=30$）

とする．

(ii)　母分散 σ^2 が未知であるので，H_0 の下で検定統計量

$$T=\frac{\bar{X}-\mu_0}{\dfrac{S}{\sqrt{n-1}}}$$

は自由度 $n-1=9$ の t 分布に従う．

(iii)　有意水準5％の両側検定より，棄却域 R は t 分布表より，$t_9(0.05)=2.26$ から $R=(-\infty,\ -2.26)\cup(2.26,\ \infty)$ である．

(iv)　T の実現値 T_0 は $\mu_0=30$，$\bar{x}=29.5$，$s=1$，$n=10$ より

$$T_0=\frac{29.5-30}{\dfrac{1}{\sqrt{9}}}=-1.50$$

であり，$-2.26<T_0<2.26$ であるから T_0 は棄却域に入らない．よって H_0 は棄却されない．

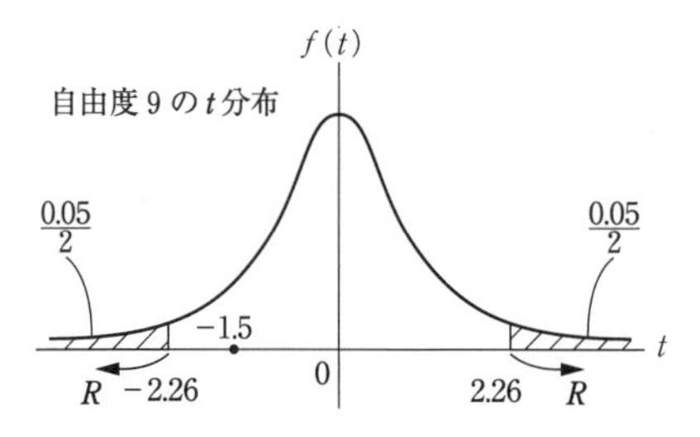

5.3　母比率 p の仮説検定

ある工場において，不良率7％の機械を使って製品を製造していたところ，いつもより不良品の発生率が高いように検査員が感じた．そこで製品の山から大きさ100の標本を無作為に抽出したところ，不良品が13個観測された．不良品の標本比率は13％なのでいつもより多いのだが，これは偶然なのかそれとも機械の不備による不良率が増加したのか有意水準1％で仮説検定を行う．

これを一般化すると，不良率 $p=p_0$ の機械から生産された製品の山から，大きさ n の標本を無作為に抽出し，不良品が r 個観測されたとし，有意水準

100 α %で仮説検定する手順を示す．

(i) 仮説を設定する．

帰無仮説 H_0：$p = p_0$

対立仮説 $\begin{cases} H_1：p \neq p_0 & \text{(両側検定)} \\ H_1：p > p_0 & \text{(右片側検定)} \\ H_1：p < p_0 & \text{(左片側検定)} \end{cases}$ のうちのどれか 1 つを選ぶ．

(ii) 検定統計量を考える．H_0 の下で，標本の大きさ n が十分大きいときには，標本比率 $\bar{p} = r/n$ は第 4 章の式（4.16）より

$$\bar{p} \sim N\left(p_0, \frac{p_0(1-p_0)}{n}\right)$$

で表すことができるので，帰無仮説 H_0 の下で検定統計量

$$Z = \frac{\bar{p} - p_0}{\sqrt{\dfrac{p_0(1-p_0)}{n}}}$$

の分布は，n が十分大きいとき，近似的に標準正規分布 $N(0, 1)$ に従う．

(iii) 有意水準 100 α %に対する棄却域 R を対立仮説 H_1 に関連して求める．

$H_1：p \neq p_0$ のとき：$R = (-\infty, -z_{\frac{\alpha}{2}}) \cup (z_{\frac{\alpha}{2}}, \infty)$,

$H_1：p > p_0$ のとき：$R = (z_\alpha, \infty)$,

$H_1：p < p_0$ のとき：$R = (-\infty, -z_\alpha)$ である．

(iv) データを代入して検定統計量 Z の実現値 Z_0 を計算する．Z_0 が棄却域に入るならば有意水準 α で帰無仮説 H_0 は棄却され，Z_0 が棄却域に入らないならば有意水準 α で帰無仮説 H_0 は棄却されない．

前述の例において，有意水準 1 %の右片側検定より，標準正規分布表より，$z_{0.01} = 2.3263 \fallingdotseq 2.326$ から，棄却域 $R = (2.326, \infty)$ である．$\bar{p} = 0.13$，$p_0 = 0.07$ より

$$Z_0 = \frac{0.13 - 0.07}{\sqrt{\dfrac{0.07(1-0.07)}{100}}} = 2.352$$

となる．これより，Z_0 は棄却域に入る．よって H_0 は棄却され，不良率が高くなっていると考えられる．

一般に n が十分大のとき，大標本的な取り扱いをするが，その目安としては $\min\{np_0, n(1-p_0)\} \geqq 5$ であれば大標本として取り扱ってよいといわれて

いる．

【例題 5.3】　ある町の20歳以上の男性から無作為に200人選んだところ，108人が喫煙者であった．それまでの男性の喫煙率が60％だったとすると，最近の男性の喫煙率は下がったといえるだろうか．有意水準5％で検定せよ．

解：現在の喫煙率を p とする．

(i)　H_0：喫煙率は60％である $(p=p_0=0.6)$

　H_1：喫煙率は60％より少ない $(p<p_0=0.6)$

とする．

(ii)　H_0 の下で検定統計量

$$Z=\frac{\bar{p}-p_0}{\sqrt{\dfrac{p_0(1-p_0)}{n}}}$$

の分布は，n が十分大きいとき，近似的に標準正規分布 $N(0,\ 1)$ に従う．

(iii)　有意水準5％の左片側検定により，標準正規分布 $N(0,\ 1)$ 表より $z_{0.05}=1.645$ であり，棄却域は $R=(-\infty,\ -1.645)$ である．

(iv)　Z の実現値 Z_0 は

$$Z_0=\frac{\dfrac{108}{200}-0.6}{\sqrt{\dfrac{0.6(1-0.6)}{200}}}=-1.732$$

であり，$Z_0<-1.645$ より Z_0 は棄却域に入る．よって H_0 は棄却される．

5.4　母分散 σ^2 の仮説検定

新商品を研究開発する立場では「品質の向上」が大切であるが，実際にものをつくる立場においては「品質の保持」が重要になる．機械でビールやジュースを充填する際，その内容量が多すぎたり少なすぎたりすれば，その機械の品質が問われるのである．つまりデータのバラツキ（分散）を検証することも重要である．

ここでは，正規母集団 $N(\mu,\ \sigma^2)$ における母分散 σ^2 の検定について述べる．まず，母平均 μ が未知のときの母分散 σ^2 を有意水準 100α ％で検定する手順を示す．

(i)　仮説を設定する．

帰無仮説 $H_0：\sigma^2=\sigma_0^2$

対立仮説 $\begin{cases} H_1：\sigma^2 \neq \sigma_0^2 & \text{（両側検定）} \\ H_1：\sigma^2 > \sigma_0^2 & \text{（右片側検定）} \\ H_1：\sigma^2 < \sigma_0^2 & \text{（左片側検定）} \end{cases}$ のうちのどれか１つを選ぶ．

(ii)　帰無仮説 H_0 の下で検定統計量

$$\chi^2=\frac{nS^2}{\sigma_0^2}=\frac{\sum_{i=1}^{n}(X_i-\bar{X})^2}{\sigma_0^2}$$

は自由度 $n-1$ の χ^2 分布に従う．

(iii)　有意水準 100α％に対する棄却域 R を対立仮説 H_1 に関連して求める（図５.２）．自由度 $n-1$ の χ^2 分布の上側 100α％点を $\chi_{n-1}^2(\alpha)$ としたとき，

$H_1：\sigma^2 \neq \sigma_0^2$ のとき：$R=\left(0,\ \chi_{n-1}^2\left(1-\frac{\alpha}{2}\right)\right)\cup\left(\chi_{n-1}^2\left(\frac{\alpha}{2}\right),\ \infty\right)$，

$H_1：\sigma^2 > \sigma_0^2$ のとき：$R=(\chi_{n-1}^2(\alpha),\ \infty)$，

$H_1：\sigma^2 < \sigma_0^2$ のとき：$R=(0,\ \chi_{n-1}^2(1-\alpha))$

である．ここで $\chi_{n-1}^2(\alpha)$ の値は巻末の χ^2 分布表から得られる．

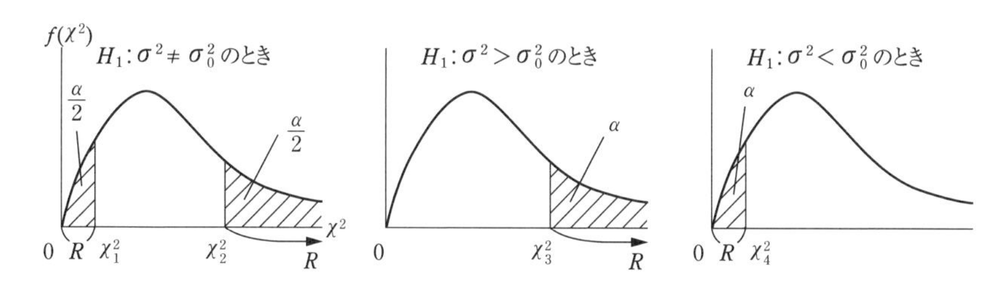

図5.2　対立仮説に関連した棄却域．ここで，$\chi_1^2=\chi_{n-1}^2\left(1-\frac{\alpha}{2}\right)$，$\chi_2^2=\chi_{n-1}^2\left(\frac{\alpha}{2}\right)$，$\chi_3^2=\chi_{n-1}^2(\alpha)$，$\chi_4^2=\chi_{n-1}^2(1-\alpha)$ とする．

(iv)　データより検定統計量 χ^2 の実現値 χ_0^2 を計算する．χ_0^2 が棄却域に入るならば有意水準 α で帰無仮説 H_0 は棄却され，χ_0^2 が棄却域に入らないならば有意水準 α で帰無仮説 H_0 は棄却されない．

また μ が既知の場合には，検定統計量

$$\chi_0^2 = \frac{\sum_{i=1}^{n}(X_i - \mu)^2}{\sigma_0^2}$$

を用い，帰無仮説 H_0 の下で χ^2 が自由度 n の χ^2 分布に従うことを用いる．

5.5　2正規母集団の等平均，等分散の検定

2つの正規母集団 $N(\mu_1,\ \sigma_1^2)$ と $N(\mu_2,\ \sigma_2^2)$ からの標本変量を $X_1,\ X_2,\ \cdots,\ X_{n_1}$ と $Y_1,\ Y_2,\ \cdots,\ Y_{n_2}$ とする．それぞれの標本平均，標本分散を $\bar{X}$，S_1^2，$\bar{Y}$，S_2^2 とする．

5.5.1　2正規母集団の等平均の検定

いま，母分散 σ_1^2 と σ_2^2 は未知で $\sigma_1^2 = \sigma_2^2$ とする．2つの正規母集団の2母平均が等しいかどうかを有意水準 100α %で検定する手順を示す．

(i)　帰無仮説 H_0：$\mu_1 = \mu_2$，対立仮説 H_1：$\mu_1 \neq \mu_2$ とする．

(ii)　H_0：$\mu_1 = \mu_2$ の下で検定統計量

$$T = \frac{\bar{X} - \bar{Y}}{\sqrt{n_1 S_1^2 + n_2 S_2^2}} \sqrt{\frac{n_1 n_2 (n_1 + n_2 - 2)}{n_1 + n_2}}$$

は，自由度 $n_1 + n_2 - 2$ の t 分布に従うことが知られている．

(iii)　有意水準 100α %に対する棄却域 R を求める．

自由度 $n_1 + n_2 - 2$ の t 分布の両側100 %点を $t_{n_1+n_2-2}(\alpha)$ としたとき，棄却域は

$$R = (-\infty,\ -t_{n_1+n_2-2}(\alpha)) \cup (t_{n_1+n_2-2}(\alpha),\ \infty)$$

である．採択域は $A = (-t_{n_1+n_2-2}(\alpha),\ t_{n_1+n_2-2}(\alpha))$ である．

(iv)　データをもとに標本平均の実現値 $\bar{x}$，$\bar{y}$，標本分散の実現値 s_1^2，s_2^2 を計算し，T の実現値

$$T_0 = \frac{\bar{x} - \bar{y}}{\sqrt{n_1 s_1^2 + n_2 s_2^2}} \sqrt{\frac{n_1 n_2 (n_1 + n_2 - 2)}{n_1 + n_2}}$$

が棄却域に入るならば有意水準 α で帰無仮説 H_0 は棄却され，T_0 が棄却域に入らないならば有意水準 α で帰無仮説 H_0 は棄却されない．

【例題5.4】　ある工場で製造している製品の最終工程は手作業になり，その

加工時間は工員によりバラツキが見られる．そこで，30 歳未満の工員を 7 人，30 歳以上の工員を 9 人を無作為に選び，それぞれの加工時間の標本平均と標本分散を計算し，次の表を得た．2 母平均の差の有無を有意水準 5 % で検定せよ．ただし，加工時間は正規分布に従うとし，その分散は 30 歳未満と 30 歳以上とでは違わないものとする．

区分	標本平均	標本分散
30 歳未満	16.6	1.4
30 歳以上	15.3	0.9

解：

(i)　$H_0: \mu_1 = \mu_2$，$H_1: \mu_1 \neq \mu_2$ とする．

(ii)　$n_1 = 7$，$n_2 = 9$，より H_0 の下で検定統計量

$$T = \frac{\bar{X} - \bar{Y}}{\sqrt{7 \times S_1^2 + 9 \times S_2^2}} \sqrt{\frac{7 \times 9 \times 14}{7 + 9}}$$

は，自由度 $7 + 9 - 2 = 14$ の t 分布に従う．

(iii)　$\alpha = 0.05$ に対し，t 分布表より $t_{14}(0.05) = 2.14$ なので棄却域は $R = (-\infty, -2.14) \cup (2.14, \infty)$ である．

(iv)　$\bar{x}_1 = 16.6$，$s_1^2 = 1.4$，$\bar{x}_2 = 15.3$，$s_2^2 = 0.9$ より，

$$T_0 = \frac{16.6 - 15.3}{\sqrt{7 \times 1.4 + 9 \times 0.9}} \sqrt{\frac{7 \times 9 \times 14}{7 + 9}} = 2.281$$

であり，$|T_0| > 2.14$ より，H_0 は棄却される．これを両者の平均間に「有意差が認められる」ともいう．

5.5.2　2 正規母集団の等分散の検定

2 母分散が等しいかどうかを有意水準 100α % で検定する手順を示す．ここで 2 母平均は異なっていてもよい．

(i)　帰無仮説 $H_0: \sigma_1^2 = \sigma_2^2$，対立仮説 $H_1: \sigma_1^2 \neq \sigma_2^2$ とする．

(ii)　次の 2 つの標本不偏分散

$$U_1^2 = \frac{\sum_{i=1}^{n_1} (X_i - \bar{X})^2}{n_1 - 1} \qquad U_2^2 = \frac{\sum_{i=1}^{n_2} (Y_i - \bar{Y})^2}{n_2 - 1}$$

を用いたとき，$H_0: \sigma_1^2 = \sigma_2^2$ の下で統計量 (3.12) は

$$F=\frac{U_1^2}{U_2^2}$$

で表せ，ここで $m=n_1-1$ および $n=n_2-1$ とおけば，この統計量 F は自由度 $(m,\ n)$ の F 分布に従う．これを検定統計量として用いる．

(iii)，(iv)　有意水準 $100\,\alpha$ ％の両側検定となるが，U_1^2, U_2^2 の実現値 u_1^2, u_2^2 を求めた後，次のように u_1^2, u_2^2 のうち大きい方を分子にもっていき，それに対応する自由度を次のように定め，F の実現値 F_0 と F 分布表の上側 $100\dfrac{\alpha}{2}$ ％点を用いた棄却域 $\left(F_{m,n}\left(\dfrac{\alpha}{2}\right),\ \infty\right)$ 又は $\left(F_{n,m}\left(\dfrac{\alpha}{2}\right),\ \infty\right)$ より，次の様に結論を下す．

(a)　$u_1^2>u_2^2$ のとき

$$F_0=\frac{u_1^2}{u_2^2}>F_{m,n}\left(\frac{\alpha}{2}\right)$$ ならば帰無仮説 H_0 は棄却される．

$$F_0=\frac{u_1^2}{u_2^2}<F_{m,n}\left(\frac{\alpha}{2}\right)$$ ならば帰無仮説 H_0 は棄却されない．

ここで有意水準 α に対する棄却域を $R=(F_{m,n}(\alpha/2),\ \infty)$ とする．

(b)　$u_2^2>u_1^2$ のとき

$$F_0=\frac{u_2^2}{u_1^2}>F_{n,m}\left(\frac{\alpha}{2}\right)$$ ならば帰無仮説 H_0 は棄却される．

$$F_0=\frac{u_2^2}{u_1^2}<F_{n,m}\left(\frac{\alpha}{2}\right)$$ ならば帰無仮説 H_0 は棄却されない．

ここで有意水準 α に対する棄却域を $R=(F_{n.m}(\alpha/2),\ \infty)$ とする．

【例題 5. 5】　ある大手メーカーはＡ社とＢ社から同種の部品を購入している．最近，両社の部品の特性値の母分散に差が生じている疑いがあるため，Ａ社から６個の部品，Ｂ社から８個の部品を無作為に抽出し，その特性値を調べた．次の結果をもとに，両社の特性値の母分散に差が有るか否かを有意水準５％で検定せよ．

会社	特性値							
Ａ社	1.61	1.58	1.66	1.72	1.68	1.64		
Ｂ社	1.66	1.62	1.59	1.63	1.71	1.63	1.67	1.64

解：(i)　H_0：$\sigma_1^2=\sigma_2^2$，H_1：$\sigma_1^2\neq\sigma_2^2$ とする．

A社のデータより，$\bar{x}=1.648$，$u_1^2=0.012/5=0.002$ が得られ，B社のデータより，$\bar{y}=1.644$，$u_2^2=0.009/7=0.001$ が得られた．

(ii)　H_0 の下で統計量 $F=\dfrac{U_1^2}{U_2^2}$ は自由度 (5, 7) の F 分布に従う．

(iii)　F 分布表によれば $F_{5,7}(0.025)=5.29$ なので，$\alpha=0.05$ に対する棄却域は $R=(5.29,\ \infty)$ である．

(iv)　$F_0=u_1^2/u_2^2=2<F_{5,7}(0.025)=5.29$ より，H_0 は棄却されない．これを両社の分散間に「有意な差が認められない」ともいう．

5.6　適合度の検定

1994 年から「ナンバーズ」という宝くじが発売されている．この宝くじは 0 から 9 までの数字を購入者自身で選ぶことができる．この宝くじの当選番号に出やすい番号の傾向は存在するのか検定してみよう．過去の第 1 回から第 600 回までの「ナンバーズ 3（3 桁の数字を当てる宝くじ）」の当選番号を表にまとめてみたところ，表 5.1 のようになった．

表 5.1　ナンバーズの当選番号と観測度数

当選番号	000-099	100-199	200-299	300-399	400-499
観測度数	63	65	66	53	60
当選番号	500-599	600-699	700-799	800-899	900-999
観測度数	62	55	50	54	72

もし偏りなく当選番号が抽選されていれば，600 回抽選されているので，60 回ずつ出ていると予測される．したがって実際の観測度数との差から当選番号によって偏りがあるかどうかを有意水準 100α %で検定してみる．このように得られた度数分布が，想定した確率分布に適合しているかどうかを検定するのが**適合度の検定**である．

適合度の検定の手順を示す．いま，属性 A が m 個のカテゴリー (互いに排反する分類) A_1，…，A_m に分かれている．各カテゴリー A_i $(i=1,\ \cdots,\ m)$ に属する観測度数を n_i とし，総度数を $n=\sum_{i=1}^{m} n_i$ とする．

(i)　帰無仮説 H_0：各カテゴリー $A_i\,(i=1,\cdots,m)$ における出現確率が $p_i\,(i=1,\cdots,m)$ であるとする $(\sum p_i=1)$.
帰無仮説が正しいとしたときの各カテゴリーの理論度数は np_i である.

(ii)　H_0 の下で観測度数と理論度数の食い違いの程度を計る統計量

$$\chi^2=\sum_{i=1}^{m}\frac{(n_i-np_i)^2}{np_i}$$

の分布は n が十分大きいとき，近似的に自由度 $m-1$ の χ^2 分布に従う.

(iii)　有意水準 $100\,\alpha$ %に対する棄却域 R は，自由度 $m-1$ の χ^2 分布の上側 $100\,\alpha$ %点を $\chi^2_{m-1}(\alpha)$ としたとき，

$$R=(\chi^2_{m-1}(\alpha),\ \infty)$$

である.

(iv)　統計量 χ^2 の実現値を χ^2_0 とすると，$\chi^2_0>\chi^2_{m-1}(\alpha)$ ならば有意水準 α で帰無仮説 H_0 は棄却される.

表 5.2　観測度数と理論度数

カテゴリー	A_1	A_2	…	A_m	計
観測度数	n_1	n_2	…	n_m	n
出現確率	p_1	p_2	…	p_m	1
理論度数	np_1	np_2	…	np_m	n

適合度の検定に χ^2 分布を用いる方法は，多くの理論的欠点を持つが，扱いが比較的簡便のため古くからよく用いられている.

(i)～(iv) のうちで，(i) では対立仮説を考慮すると問題がかなり起こることが指摘されており，対立仮説は設けない. (iv) では $n_1,\ n_2,\ \cdots,\ n_m$ がそれぞれ十分大であることが前提条件になっているが，これは理論度数 $np_i\geqq 5\ (i=1,2,\cdots,m)$ がみたされていれば差し支えないという結果が用いられている. 適合度の検定は χ^2 分布を用いるため χ^2 検定ともいう. もし，$np_i<5$ のカテゴリーが有る時は，隣り同士を合併して，条件を満たすように調整するとよい.

前述の例において，当選番号が偏りなく出ているか適合度の検定をする.

帰無仮説 H_0：$p_i=\dfrac{1}{10}\quad(i=1,\cdots,10)$

とする.

H_0 が正しいとき χ^2 は n が十分大きいとき，近似的に自由度 $10-1=9$ の χ^2 分布に従う．$\alpha=0.05$ に対する右片側検定より，χ^2 分布表から $\chi_9^2(0.05)=16.92$ なので棄却域は $R=(16.92,\ \infty)$ となる．

各カテゴリーの理論度数は $600\times\dfrac{1}{10}=60$ であるから，検定統計量の実現値は

$$\chi_0^2=\frac{(63-60)^2}{60}+\frac{(65-60)^2}{60}+\cdots+\frac{(72-60)^2}{60}\fallingdotseq 7.133$$

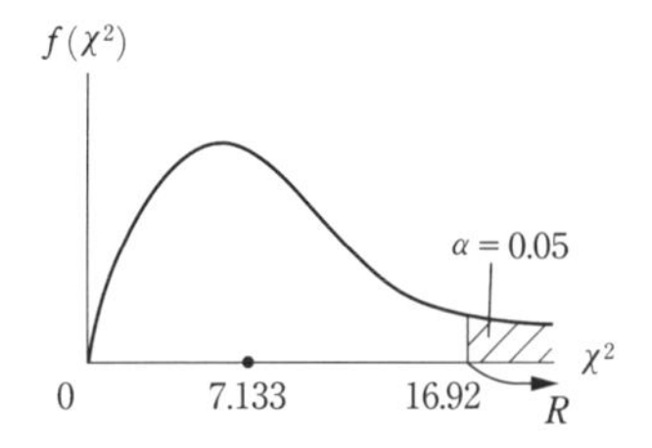

図 5.3　χ^2 統計量と棄却域

χ_0^2 は棄却域に入らないので H_0 は棄却されず，当選番号は偏りなく抽選されていることを否定できない（図 5. 3）．

5.7　分割表の検定

2 つの属性 A と B の独立性を検定するために，χ^2 検定を用いる．属性 A と B がそれぞれカテゴリー A_1，A_2 および B_1，B_2 に分かれている．

A_1 と B_1 が独立であるということは，

$$\mathrm{P}\{A_1\cap B_1\}=\mathrm{P}\{A_1\}\cdot\mathrm{P}\{B_1\}$$

が成り立つことである．他のカテゴリーについて互いに独立であるということは，

$$\mathrm{P}\{A_1\cap B_2\}=\mathrm{P}\{A_1\}\cdot\mathrm{P}\{B_2\}=\mathrm{P}\{A_1\}\cdot(1-\mathrm{P}\{B_1\})$$
$$\mathrm{P}\{A_2\cap B_1\}=\mathrm{P}\{A_2\}\cdot\mathrm{P}\{B_1\}=(1-\mathrm{P}\{A_1\})\cdot\mathrm{P}\{B_1\}$$
$$\mathrm{P}\{A_2\cap B_2\}=\mathrm{P}\{A_2\}\cdot\mathrm{P}\{B_2\}=(1-\mathrm{P}\{A_1\})\cdot(1-\mathrm{P}\{B_1\})$$

が成り立つ．

大きさ n の標本を無作為抽出し，属性を調べたところ，次の観測度数の分割表（表 5. 3）が得られた．

表 5.3　観測度数の分割表

	B_1	B_2	計
A_1	n_{11}	n_{12}	$n_{1\cdot}$
A_2	n_{21}	n_{22}	$n_{2\cdot}$
計	$n_{\cdot 1}$	$n_{\cdot 2}$	n

この分割表をもとに，属性 A と B が独立である（A と B は関係ない）という帰無仮説 H_0 をたてる．ここで，$\mathrm{P}\{A_i\}$ $(i=1,\ 2)$，$\mathrm{P}\{B_j\}$ $(j=1,\ 2)$ の推定量は $\hat{\mathrm{P}}\{A_i\}=\dfrac{n_{i\cdot}}{n}$，$\hat{\mathrm{P}}\{B_j\}=\dfrac{n_{\cdot j}}{n}$ と知られている．

この分割表から，理論度数の推定量は，

$$\hat{n}_{11}=n\times\hat{\mathrm{P}}\{A_1\}\cdot\hat{\mathrm{P}}\{B_1\}=n\cdot\frac{n_{1\cdot}}{n}\cdot\frac{n_{\cdot 1}}{n}$$

$$\hat{n}_{12}=n\times\hat{\mathrm{P}}\{A_1\}\cdot\hat{\mathrm{P}}\{B_2\}=n\cdot\frac{n_{1\cdot}}{n}\cdot\frac{n_{\cdot 2}}{n}$$

$$\hat{n}_{21}=n\times\hat{\mathrm{P}}\{A_2\}\cdot\hat{\mathrm{P}}\{B_1\}=n\cdot\frac{n_{2\cdot}}{n}\cdot\frac{n_{\cdot 1}}{n}$$

$$\hat{n}_{22}=n\times\hat{\mathrm{P}}\{A_2\}\cdot\hat{\mathrm{P}}\{B_2\}=n\cdot\frac{n_{2\cdot}}{n}\cdot\frac{n_{\cdot 2}}{n}$$

で与えられる．

以上から，H_0 の下で検定統計量は，n が十分大のとき

$$\chi^2=\frac{(n_{11}-\hat{n}_{11})^2}{\hat{n}_{11}}+\frac{(n_{12}-\hat{n}_{12})^2}{\hat{n}_{12}}+\frac{(n_{21}-\hat{n}_{21})^2}{\hat{n}_{21}}+\frac{(n_{22}-\hat{n}_{22})^2}{\hat{n}_{22}}$$

は近似的に自由度 {（分割表での行の数 − 1）×（分割表での列の数 − 1）} = (2 − 1) (2 − 1) = 1 の χ^2 分布に従う．また，検定統計量を変形すると，

$$\chi^2=\sum_{i,j=1}^{2}\frac{\left(n_{ij}-\dfrac{n_{i\cdot}n_{\cdot j}}{n}\right)^2}{\dfrac{n_{i\cdot}n_{\cdot j}}{n}}=\sum_{i,j=1}^{2}\frac{(n_{11}n_{22}-n_{12}n_{21})^2}{n\cdot n_{i\cdot}n_{\cdot j}}=\frac{n(n_{11}n_{22}-n_{12}n_{21})^2}{n_{1\cdot}n_{2\cdot}n_{\cdot 1}n_{\cdot 2}}$$

の分布は近似的に自由度 1 の χ^2 分布に従う．

【例題 5.6】　一般入試と推薦入試により入学者を選抜している大学がある．入学後 1 年次のある科目における合否が入学選抜方式とは“関係がない”かどうかを調べるため対象の学生から無作為に 200 人を抽出し表 5.4 を得た．

この分割表をもとに無関係かどうか有意水準5％で検定せよ．

表 5.4　選抜方式と科目の合否の分割表

合否＼選抜方式	一般入試 B_1	推薦入試 B_2	計
合格　A_1	108	52	160
不合格 A_2	32	8	40
計	140	60	200

(i)　帰無仮説 H_0：選抜方式と科目の合否とは無関係（独立）である．
すなわち，$\mathrm{P}\{A_i \cap B_j\}=\mathrm{P}\{A_i\}\cdot\mathrm{P}\{B_j\}$ $(i=1,\ 2,\ j=1,\ 2)$ が成り立つ．
ここで理論度数の推定値を求める．

$$\hat{\mathrm{P}}\{A_1\}=\frac{n_{1\cdot}}{n}=\frac{160}{200} \qquad \hat{\mathrm{P}}\{B_1\}=\frac{n_{\cdot 1}}{n}=\frac{140}{200} \qquad \text{より}$$

$$\hat{n}_{11}=n\times\hat{\mathrm{P}}\{A_1\}\cdot\hat{\mathrm{P}}\{B_1\}=200\times\frac{160}{200}\times\frac{140}{200}=112$$

$$\hat{n}_{12}=n\times\hat{\mathrm{P}}\{A_1\}\cdot\hat{\mathrm{P}}\{B_2\}=200\times\frac{160}{200}\times\frac{60}{200}=48$$

$$\hat{n}_{21}=n\times\hat{\mathrm{P}}\{A_2\}\cdot\hat{\mathrm{P}}\{B_1\}=200\times\frac{40}{200}\times\frac{140}{200}=28$$

$$\hat{n}_{22}=n\times\hat{\mathrm{P}}\{A_2\}\cdot\hat{\mathrm{P}}\{B_2\}=200\times\frac{40}{200}\times\frac{60}{200}=12$$

をまとめて表5.5に示す．

表 5.5　理論度数の推定値の分割表

	B_1	B_2	計
A_1	112	48	160
A_2	28	12	40
計	140	60	200

(ii)　H_0 の下で検定統計量

$$\chi^2=\frac{(n_{11}-\hat{n}_{11})^2}{\hat{n}_{11}}+\frac{(n_{12}-\hat{n}_{12})^2}{\hat{n}_{12}}+\frac{(n_{21}-\hat{n}_{21})^2}{\hat{n}_{21}}+\frac{(n_{22}-\hat{n}_{22})^2}{\hat{n}_{22}}$$

は，n が十分大のとき，近似的に自由度 $(2-1)(2-1)=1$ の χ^2 分布に従う．
(iii)　有意水準5％の右片側検定で，χ^2 分布表より $\chi_1^2(0.05)=3.84$ なので棄却域は

$$R=(3.84,\ \infty)$$

である．

(iv)　χ^2 の実現値 χ_0^2 を計算して

$$\chi_0^2=\frac{(108-112)^2}{112}+\frac{(52-48)^2}{48}+\frac{(32-28)^2}{28}+\frac{(8-12)^2}{12}=2.381$$

$\chi_0^2=2.38$ は棄却域 $R=(3.84,\ \infty)$ に入らないので，有意水準 $\alpha=0.05$ で仮説 H_0 は棄却されない．したがって，選抜方式と入学後の科目の合否とは無関係（独立）であることを否定できない．

演習問題

5.1　正規母集団 $N(\mu,\ \sigma^2)$ からの大きさ10の無作為標本より，次の結果を得た．

標本平均の実現値 $\bar{x}=60.4$，標本標準偏差の実現値 $s=3$

(1)　帰無仮説 $H_0：\mu=60.0$ を有意水準1％で検定せよ．

(2)　(1)において，母分散が既知として取り扱って，それを $\sigma^2=10$ であるとし，対立仮説が単一で，$H_1：\mu=61.0$ であるとしたときの検定を行え．

5.2　次の場合に適当な検定は両側検定か，片側検定かを理由をつけて決定せよ．

A：ある飲料メーカーが，その商品の包装内容量が1000 ml であると主張しているのを調べる場合

B：あるテレビ番組のプロデューサーが，番組の視聴率が20％であると主張しているが，高めではないかと思われる場合

C：ある部品の規格寸法が0.5 mm であるというとき，この規格が守られるように部品の品質管理を行う場合

5.3　ある市場で出荷されるいちご1パックの重さは通常，平均200 g，標準偏差40 g の正規分布に従うという．ある日，16個のいちごのパックを無作為にとり出して重さを計ったところ，その16パックの標本平均の実現値は180 g であった．この日出荷されるいちごのパックの重さの平均は通常よりも小さいかどうか，有意水準5％で検定をせよ．

5.4 無作為に選んだ9本のねじの長さが,

10.2, 21.2, 10.4, 15.6, 19.2, 20.0, 11.8, 17.7, 16.1 (単位mm)

であるとし，ねじの長さは正規分布に従うとする.

(1) ねじの長さの母平均 μ が15 mmと認めてよいか否かを有意水準5%で検定せよ.

(2) ねじの長さの母分散 σ^2 について $\sigma^2=4$ と認めてよいか否かの検定を有意水準5%で検定せよ.

5.5 超能力の実験を行う．2枚のカードの表には○と×が描いてあり，裏からは区別できない．被験者には裏向きの2枚のカードを見せ○をあててもらう．実験の結果，52回中33回当てた．被験者は超能力をもっているといえるだろうか．有意水準1%で検定せよ(超能力をもたない人は確率0.5で当てることができるものとする).

5.6 普通の栽培で育てたネギと特殊農法で栽培したネギの1本あたりの重さを計ったところ次のようになった．(単位：グラム)

特殊栽培	172	167	161	172	167	163
普通栽培	166	153	162	161	158	

(1) 2つの栽培方法で育てたネギについて，その重さの分散が等しいかどうかを有意水準5%で検定せよ.

(2) 2つの栽培方法で育てたネギについて，その重さの平均が等しいかどうかを有意水準5%で検定せよ.

5.7 世論調査によると，政党支持率はA党30%，B党15%，C党10%，D党5%，その他支持政党なし合わせて40%となっていたとする．首相のお膝元である都市で，無作為に200人を抽出し，どの政党を支持するかのアンケートを行ったところ，次のような結果を得た.

A党	B党	C党	D党	その他
74	39	18	7	62

このアンケートは世論調査と同じ傾向を示しているといえるだろうか，有意水準5%で検定せよ.

5.8 ある病気の予防注射の効果を調べるために，ある県の大学生300人を無作為に選び調査したところ，次の結果を得た．予防注射の効果があるといえるか，有意水準5％で検定せよ．

	発病した人	発病しない人
予防注射を受けない人	62	58
予防注射を受けた人	18	162

付録　各種分布表

二項分布表　$\sum_{x=0}^{r} {}_nC_x p^x (1-p)^{n-x}$

		p									
n	r	0.10	0.20	0.25	0.30	0.40	0.50	0.60	0.70	0.80	0.90
5	0	0.5905	0.3277	0.2373	0.1681	0.0778	0.0312	0.0102	0.0024	0.0003	0.0000
	1	0.9185	0.7373	0.6328	0.5282	0.3370	0.1875	0.0870	0.0308	0.0067	0.0005
	2	0.9914	0.9421	0.8965	0.8369	0.6826	0.5000	0.3174	0.1631	0.0579	0.0086
	3	0.9995	0.9933	0.9844	0.9692	0.9130	0.8125	0.6630	0.4718	0.2627	0.0815
	4	1.0000	0.9997	0.9990	0.9976	0.9898	0.9688	0.9222	0.8319	0.6723	0.4095
	5	1.0000	1.0000	1.0000	1.0000	1.0000	1.0000	1.0000	1.0000	1.0000	1.0000
10	0	0.3487	0.1074	0.0563	0.0282	0.0060	0.0010	0.0001	0.0000	0.0000	0.0000
	1	0.7361	0.3758	0.2440	0.1493	0.0464	0.0107	0.0017	0.0001	0.0000	0.0000
	2	0.9298	0.6778	0.5256	0.3828	0.1673	0.0547	0.0123	0.0016	0.0001	0.0000
	3	0.9872	0.8791	0.7759	0.6496	0.3823	0.1719	0.0548	0.0106	0.0009	0.0000
	4	0.9984	0.9672	0.9219	0.8497	0.6331	0.3770	0.1662	0.0474	0.0064	0.0002
	5	0.9999	0.9936	0.9803	0.9527	0.8338	0.6230	0.3669	0.1503	0.0328	0.0016
	6	1.0000	0.9991	0.9965	0.9894	0.9452	0.8281	0.6177	0.3504	0.1209	0.0128
	7	1.0000	0.9999	0.9996	0.9984	0.9877	0.9453	0.8327	0.6172	0.3222	0.0702
	8	1.0000	1.0000	1.0000	0.9999	0.9983	0.9893	0.9536	0.8507	0.6242	0.2639
	9	1.0000	1.0000	1.0000	1.0000	0.9999	0.9990	0.9940	0.9718	0.8926	0.6513
	10	1.0000	1.0000	1.0000	1.0000	1.0000	1.0000	1.0000	1.0000	1.0000	1.0000
15	0	0.2059	0.0352	0.0134	0.0047	0.0005	0.0000	0.0000	0.0000	0.0000	0.0000
	1	0.5490	0.1671	0.0802	0.0353	0.0052	0.0005	0.0000	0.0000	0.0000	0.0000
	2	0.8159	0.3980	0.2361	0.1268	0.0271	0.0037	0.0003	0.0000	0.0000	0.0000
	3	0.9444	0.6482	0.4613	0.2969	0.0905	0.0176	0.0019	0.0001	0.0000	0.0000
	4	0.9873	0.8358	0.6865	0.5155	0.2173	0.0592	0.0094	0.0007	0.0000	0.0000
	5	0.9978	0.9389	0.8516	0.7216	0.4032	0.1509	0.0338	0.0037	0.0001	0.0000
	6	0.9997	0.9819	0.9434	0.8689	0.6098	0.3036	0.0951	0.0152	0.0008	0.0000
	7	1.0000	0.9958	0.9827	0.9500	0.7869	0.5000	0.2131	0.0500	0.0042	0.0000
	8	1.0000	0.9992	0.9958	0.9848	0.9050	0.6964	0.3902	0.1311	0.0181	0.0003
	9	1.0000	0.9999	0.9992	0.9963	0.9662	0.8491	0.5968	0.2784	0.0611	0.0023
	10	1.0000	1.0000	0.9999	0.9993	0.9907	0.9408	0.7827	0.4845	0.1642	0.0127
	11	1.0000	1.0000	1.0000	0.9999	0.9981	0.9824	0.9095	0.7031	0.3518	0.0556
	12	1.0000	1.0000	1.0000	1.0000	0.9997	0.9963	0.9729	0.8732	0.6020	0.1841
	13	1.0000	1.0000	1.0000	1.0000	1.0000	0.9995	0.9948	0.9647	0.8329	0.4510
	14	1.0000	1.0000	1.0000	1.0000	1.0000	1.0000	0.9995	0.9953	0.9648	0.7941
	15	1.0000	1.0000	1.0000	1.0000	1.0000	1.0000	1.0000	1.0000	1.0000	1.0000
20	0	0.1216	0.0115	0.0032	0.0003	0.0000	0.0000	0.0000	0.0000	0.0000	0.0000
	1	0.3917	0.0692	0.0243	0.0076	0.0005	0.0000	0.0000	0.0000	0.0000	0.0000
	2	0.6769	0.2061	0.0913	0.0355	0.0036	0.0002	0.0000	0.0000	0.0000	0.0000
	3	0.8670	0.4114	0.2252	0.1071	0.0160	0.0013	0.0001	0.0000	0.0000	0.0000
	4	0.9568	0.6296	0.4148	0.2375	0.0510	0.0059	0.0003	0.0000	0.0000	0.0000
	5	0.9887	0.8042	0.6172	0.4164	0.1256	0.0207	0.0016	0.0000	0.0000	0.0000
	6	0.9976	0.9133	0.7858	0.6080	0.2500	0.0577	0.0065	0.0003	0.0000	0.0000
	7	0.9996	0.9679	0.8982	0.7723	0.4159	0.1316	0.0210	0.0013	0.0000	0.0000
	8	0.9999	0.9900	0.9591	0.8867	0.5956	0.2517	0.0565	0.0051	0.0001	0.0000
	9	1.0000	0.9974	0.9861	0.9520	0.7553	0.4119	0.1275	0.0171	0.0006	0.0000
	10	1.0000	0.9994	0.9961	0.9829	0.8725	0.5881	0.2447	0.0480	0.0026	0.0000
	11	1.0000	0.9999	0.9991	0.9949	0.9435	0.7483	0.4044	0.1133	0.0100	0.0001
	12	1.0000	1.0000	0.9998	0.9987	0.9790	0.8684	0.5841	0.2277	0.0321	0.0004
	13	1.0000	1.0000	1.0000	0.9997	0.9935	0.9423	0.7500	0.3920	0.0867	0.0024
	14	1.0000	1.0000	1.0000	1.0000	0.9984	0.9793	0.8744	0.5836	0.1958	0.0113
	15	1.0000	1.0000	1.0000	1.0000	0.9997	0.9941	0.9490	0.7625	0.3704	0.0432
	16	1.0000	1.0000	1.0000	1.0000	1.0000	0.9987	0.9840	0.8929	0.5886	0.1330
	17	1.0000	1.0000	1.0000	1.0000	1.0000	0.9998	0.9964	0.9645	0.7939	0.3231
	18	1.0000	1.0000	1.0000	1.0000	1.0000	1.0000	0.9995	0.9924	0.9308	0.6083
	19	1.0000	1.0000	1.0000	1.0000	1.0000	1.0000	1.0000	0.9992	0.9885	0.8784
	20	1.0000	1.0000	1.0000	1.0000	1.0000	1.0000	1.0000	1.0000	1.0000	1.0000

標準正規分布表(Ⅰ)

$$z_0 \rightarrow p = \frac{1}{\sqrt{2\pi}} \int_0^{z_0} e^{-\frac{z^2}{2}} dz$$

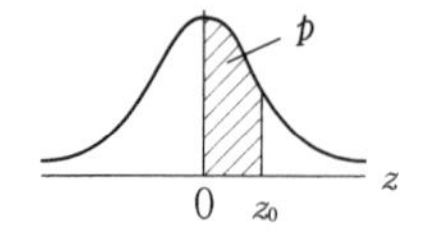

z_0	0.00	0.01	0.02	0.03	0.04	0.05	0.06	0.07	0.08	0.09
0.0	.0000	.0040	.0080	.0120	.0159	.0199	.0239	.0279	.0319	.0359
0.1	.0398	.0438	.0478	.0517	.0557	.0596	.0636	.0675	.0714	.0753
0.2	.0793	.0832	.0871	.0910	.0948	.0987	.1026	.1064	.1103	.1141
0.3	.1179	.1217	.1255	.1293	.1331	.1368	.1406	.1443	.1480	.1517
0.4	.1554	.1591	.1628	.1664	.1700	.1736	.1772	.1808	.1844	.1879
0.5	.1915	.1950	.1985	.2019	.2054	.2088	.2123	.2157	.2190	.2224
0.6	.2257	.2291	.2324	.2357	.2389	.2422	.2454	.2486	.2518	.2549
0.7	.2580	.2612	.2642	.2673	.2704	.2734	.2764	.2794	.2823	.2852
0.8	.2881	.2910	.2939	.2967	.2995	.3023	.3051	.3078	.3106	.3133
0.9	.3159	.3186	.3212	.3238	.3264	.3289	.3315	.3340	.3365	.3389
1.0	.3413	.3438	.3461	.3485	.3508	.3531	.3554	.3577	.3599	.3621
1.1	.3643	.3665	.3686	.3718	.3729	.3749	.3770	.3790	.3810	.3830
1.2	.3849	.3869	.3888	.3907	.3925	.3944	.3962	.3980	.3997	.4015
1.3	.4032	.4049	.4066	.4083	.4099	.4115	.4131	.4147	.4162	.4177
1.4	.4192	.4207	.4222	.4236	.4251	.4265	.4279	.4292	.4306	.4319
1.5	.4332	.4345	.4357	.4370	.4382	.4394	.4406	.4418	.4430	.4441
1.6	.4452	.4463	.4474	.4485	.4495	.4505	.4515	.4525	.4535	.4545
1.7	.4554	.4564	.4573	.4582	.4591	.4599	.4608	.4616	.4625	.4633
1.8	.4641	.4649	.4656	.4664	.4671	.4678	.4686	.4693	.4699	.4706
1.9	.4713	.4719	.4726	.4732	.4738	.4744	.4750	.4758	.4762	.4767
2.0	.4773	.4778	.4783	.4788	.4793	.4798	.4803	.4808	.4812	.4817
2.1	.4821	.4826	.4830	.4834	.4838	.4842	.4846	.4850	.4854	.4857
2.2	.4861	.4865	.4868	.4871	.4875	.4878	.4881	.4884	.4887	.4890
2.3	.4893	.4896	.4898	.4901	.4904	.4906	.4909	.4911	.4913	.4916
2.4	.4918	.4920	.4922	.4925	.4927	.4929	.4931	.4932	.4934	.4936
2.5	.4938	.4940	.4941	.4943	.4945	.4946	.4948	.4949	.4951	.4952
2.6	.4953	.4955	.4956	.4957	.4959	.4960	.4961	.4962	.4963	.4964
2.7	.4965	.4966	.4967	.4968	.4969	.4970	.4971	.4972	.4973	.4974
2.8	.4974	.4975	.4976	.4977	.4977	.4978	.4979	.4980	.4980	.4981
2.9	.4981	.4982	.4983	.4984	.4984	.4984	.4985	.4985	.4986	.4986
3.0	.4987	.4987	.4987	.4988	.4988	.4988	.4989	.4989	.4989	.4990
3.1	.4990	.4991	.4991	.4991	.4992	.4992	.4992	.4992	.4993	.4993

標準正規分布表(II)

$$p=\frac{1}{\sqrt{2\pi}}\int_0^{z_0} e^{-\frac{z^2}{2}}dz \to z_0$$

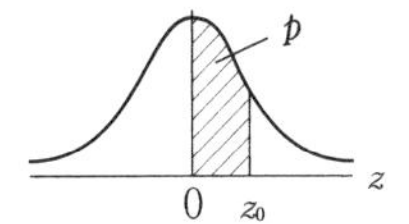

p	.000	.002	.004	.006	.008	p	.000	.002	.004	.006	.008
.00	.0000	.0050	.0100	.0150	.0201	.25	.6745	.6808	.6871	.6935	.6999
.01	.0251	.0301	.0351	.0401	.0451	.26	.7063	.7128	.7192	.7257	.7323
.02	.0502	.0552	.0602	.0652	.0702	.27	.7388	.7454	.7521	.7588	.7655
.03	.0753	.0803	.0853	.0904	.0954	.28	.7722	.7790	.7858	.7926	.7995
.04	.1004	.1055	.1105	.1156	.1206	.29	.8064	.8134	.8204	.8274	.8345
.05	.1257	.1307	.1358	.1408	.1459	.30	.8416	.8488	.8560	.8633	.8705
.06	.1510	.1560	.1611	.1662	.1713	.31	.8779	.8853	.8927	.9002	.9078
.07	.1764	.1815	.1866	.1917	.1968	.32	.9154	.9230	.9307	.9385	.9463
.08	.2019	.2070	.2121	.2173	.2224	.33	.9542	.9621	.9701	.9782	.9863
.09	.2275	.2327	.2373	.2430	.2482	.34	.9945	1.0027	1.0110	1.0194	1.0279
.10	.2533	.2585	.2637	.2689	.2741	.35	1.0364	1.0450	1.0537	1.0625	1.0714
.11	.2793	.2845	.2898	.2950	.3002	.36	1.0803	1.0893	1.0985	1.1077	1.1170
.12	.3055	.3107	.3160	.3213	.3266	.37	1.1264	1.1359	1.1455	1.1532	1.1650
.13	.3319	.3372	.3425	.3478	.3531	.38	1.1750	1.1850	1.1952	1.2055	1.2160
.14	.3585	.3638	.3692	.3745	.3799	.39	1.2265	1.2372	1.2481	1.2591	1.2702
.15	.3853	.3907	.3961	.4016	.4070	.40	1.2816	1.2930	1.3047	1.3165	1.3285
.16	.4125	.4179	.4234	.4289	.4344	.41	1.3408	1.3532	1.3658	1.3787	1.3917
.17	.4399	.4454	.4510	.4565	.4621	.42	1.4051	1.4187	1.4325	1.4466	1.4611
.18	.4677	.4733	.4789	.4845	.4902	.43	1.4758	1.4909	1.5063	1.5220	1.5382
.19	.4959	.5015	.5072	.5129	.5187	.44	1.5548	1.5718	1.5893	1.6072	1.6258
.20	.5244	.5302	.5359	.5417	.5476	.45	1.6449	1.6646	1.6849	1.7060	1.7279
.21	.5534	.5592	.5651	.5710	.5769	.46	1.7507	1.7744	1.7991	1.8250	1.8522
.22	.5828	.5888	.5948	.6008	.6068	.47	1.8808	1.9110	1.9431	1.9774	2.0141
.23	.6128	.6189	.6250	.6311	.6372	.48	2.0537	2.0969	2.1444	2.1973	2.2571
.24	.6433	.6495	.6557	.6620	.6682	.49	2.3263	2.4089	2.5121	2.6521	2.8782

p	z_0
0.475	1.9600
0.495	2.5758
0.4995	3.2905
0.49995	3.8906

t 分布表

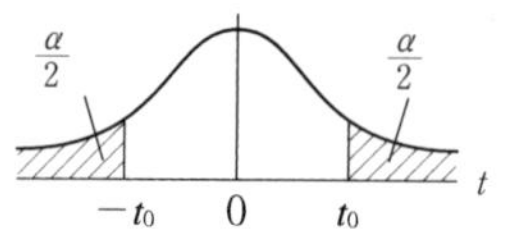

$\alpha = P(|T| > t_0) \to t_0$

自由度 k	α 0.5	0.25	0.1	0.05	0.025	0.01	0.005
1	1.00	2.41	6.31	12.7	25.5	63.7	127
2	.816	1.60	2.92	4.30	6.21	9.92	14.1
3	.765	1.42	2.35	3.18	4.18	5.84	7.45
4	.741	1.34	2.13	2.78	3.50	4.60	5.60
5	.727	1.30	2.01	2.57	3.16	4.03	4.77
6	.718	1.27	1.94	2.45	2.97	3.71	4.32
7	.711	1.25	1.89	2.36	2.84	3.50	4.03
8	.706	1.24	1.86	2.31	2.75	3.36	3.83
9	.703	1.23	1.83	2.26	2.68	3.25	3.69
10	.700	1.22	1.81	2.23	2.63	3.17	3.58
11	.697	1.21	1.80	2.20	2.59	3.11	3.50
12	.695	1.21	1.78	2.18	2.56	3.05	3.43
13	.694	1.20	1.77	2.16	2.53	3.01	3.37
14	.692	1.20	1.76	2.14	2.51	2.98	3.33
15	.691	1.20	1.75	2.13	2.49	2.95	3.29
16	.690	1.19	1.75	2.12	2.47	2.92	3.25
17	.689	1.19	1.74	2.11	2.46	2.90	3.22
18	.688	1.19	1.73	2.10	2.44	2.88	3.20
19	.688	1.19	1.73	2.09	2.43	2.86	3.17
20	.687	1.18	1.72	2.09	2.42	2.85	3.15
21	.686	1.18	1.72	2.08	2.41	2.83	3.14
22	.686	1.18	1.72	2.07	2.41	2.82	3.12
23	.685	1.18	1.71	2.07	2.40	2.81	3.10
24	.685	1.18	1.71	2.06	2.39	2.80	3.09
25	.684	1.18	1.71	2.06	2.38	2.79	3.08
26	.684	1.18	1.71	2.06	2.38	2.78	3.07
27	.684	1.18	1.70	2.05	2.37	2.77	3.06
28	.683	1.17	1.70	2.05	2.37	2.76	3.05
29	.683	1.17	1.70	2.05	2.36	2.76	3.04
30	.683	1.17	1.70	2.04	2.36	2.75	3.03
40	.681	1.17	1.68	2.02	2.33	2.70	2.97
60	.679	1.16	1.67	2.00	2.30	2.66	2.91
120	.677	1.16	1.66	1.98	2.27	2.62	2.86
∞	.674	1.15	1.64	1.96	2.24	2.58	2.81

χ^2 分布表

$\alpha = P(\chi^2 > \chi_0^2) \rightarrow \chi_0^2$

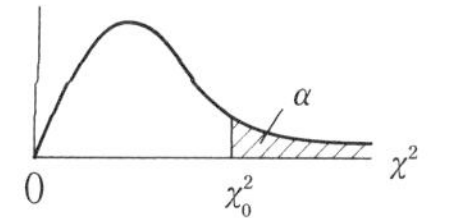

自由度	α									
k	0.995	0.99	0.975	0.95	0.90	0.10	0.05	0.025	0.01	0.005
1	0.000	0.000	0.001	0.003	0.016	2.71	3.84	5.02	6.63	7.88
2	0.010	0.020	0.051	0.103	0.211	4.61	5.99	7.38	9.21	10.60
3	0.072	0.115	0.216	0.352	0.584	6.25	7.81	9.35	11.34	12.84
4	0.207	0.297	0.484	0.711	1.064	7.78	9.49	11.14	13.28	14.86
5	0.412	0.554	0.831	1.145	1.610	9.24	11.07	12.83	15.09	16.75
6	0.676	0.872	1.237	1.635	2.20	10.64	12.59	14.45	16.81	18.55
7	0.989	1.239	1.690	2.17	2.83	12.02	14.07	16.01	18.48	20.3
8	1.344	1.646	2.18	2.73	3.49	13.36	15.51	17.53	20.1	22.0
9	1.735	2.09	2.70	3.33	4.17	14.68	16.92	19.02	21.7	23.6
10	2.16	2.56	3.25	3.94	4.87	15.99	18.31	20.5	23.2	25.2
11	2.60	3.05	3.82	4.57	5.58	17.28	19.68	21.9	24.7	26.8
12	3.07	3.57	4.40	5.23	6.30	18.55	21.0	23.3	26.2	28.3
13	3.57	4.11	5.01	5.89	7.04	19.81	22.4	24.7	27.7	29.8
14	4.07	4.66	5.63	6.57	7.79	21.1	23.7	26.1	29.1	31.3
15	4.60	5.23	6.26	7.26	8.55	22.3	25.0	27.5	30.6	32.8
16	5.14	5.81	6.91	7.96	9.31	23.5	26.3	28.8	32.0	34.3
17	5.70	6.41	7.56	8.67	10.09	24.8	27.6	30.2	33.4	35.7
18	6.26	7.01	8.23	9.39	10.86	26.0	28.9	31.5	34.8	37.2
19	6.84	7.63	8.91	10.12	11.65	27.2	30.1	32.9	36.2	38.6
20	7.43	8.26	9.59	10.85	12.44	28.4	31.4	34.2	37.6	40.0
21	8.03	8.90	10.28	11.59	13.24	29.6	32.7	35.5	38.9	41.4
22	8.64	9.54	10.98	12.34	14.04	30.8	33.9	36.8	40.3	42.8
23	9.26	10.20	11.69	13.09	14.85	32.0	35.2	38.1	41.6	44.2
24	9.89	10.86	12.40	13.85	15.66	33.2	36.4	39.4	43.0	45.6
25	10.52	11.52	13.12	14.61	16.47	34.4	37.7	40.6	44.3	46.9
26	11.16	12.20	13.84	15.38	17.29	35.6	38.9	41.9	45.6	48.3
27	11.81	12.88	14.57	16.15	18.11	36.7	40.1	43.2	47.0	49.6
28	12.46	13.56	15.31	16.93	18.94	37.9	41.3	44.5	48.3	51.0
29	13.12	14.26	16.05	17.71	19.77	39.1	42.6	45.7	49.6	52.3
30	13.79	14.95	16.79	18.49	20.6	40.3	43.8	47.0	50.9	53.7

(注)　$k > 30$ のとき $\sqrt{2\chi^2} - \sqrt{2k-1}$ がほぼ $N(0,\ 1)$ にしたがうから78ページの正規分布表（I）を用いる．

F 分布表(I)　(α=0.05)

自由度(m, n);$P(F \geqq F_0)=0.05 \rightarrow F_0$ (m, n は $F \geqq 1$ となるように定める)

n \ m	1	2	3	4	5	6	7	8	9
1	161.	200.	216.	225.	230.	234.	237.	239.	241.
2	18.5	19.0	19.2	19.2	19.3	19.3	19.4	19.4	19.4
3	10.1	9.55	9.28	9.12	9.01	8.94	8.89	8.84	8.81
4	7.71	6.94	6.59	6.39	6.26	6.16	6.09	6.04	6.00
5	6.61	5.79	5.41	5.19	5.05	4.95	4.88	4.82	4.77
6	5.99	5.14	4.76	4.53	4.39	4.28	4.21	4.15	4.1
7	5.59	4.74	4.35	4.12	3.97	3.87	3.79	3.73	3.68
8	5.32	4.46	4.07	3.84	3.69	3.58	3.50	3.44	3.39
9	5.12	4.26	3.86	3.63	3.48	3.37	3.29	3.23	3.18
10	4.96	4.10	3.71	3.48	3.33	3.22	3.14	3.07	3.02
11	4.84	3.98	3.59	3.36	3.20	3.09	3.01	2.95	2.90
12	4.75	3.88	3.49	3.26	3.11	3.00	2.91	2.85	2.80
13	4.67	3.81	3.41	3.18	3.03	2.92	2.83	2.77	2.71
14	4.60	3.74	3.34	3.11	2.96	2.85	2.76	2.70	2.65
15	4.54	3.68	3.29	3.06	2.90	2.79	2.71	2.64	2.59
16	4.49	3.63	3.24	3.01	2.85	2.74	2.66	2.59	2.54
17	4.45	3.59	3.20	2.96	2.81	2.70	2.61	2.55	2.49
18	4.41	3.55	3.16	2.93	2.77	2.66	2.58	2.51	2.46
19	4.38	3.52	3.13	2.90	2.74	2.63	2.54	2.48	2.42
20	4.35	3.49	3.10	2.87	2.71	2.60	2.51	2.45	2.39
21	4.32	3.47	3.07	2.84	2.68	2.57	2.49	2.42	2.37
22	4.30	3.44	3.05	2.82	2.66	2.55	2.46	2.40	2.34
23	4.28	3.42	3.03	2.80	2.64	2.53	2.44	2.38	2.32
24	4.26	3.40	3.01	2.78	2.62	2.51	2.42	2.36	2.30
25	4.24	3.38	2.99	2.76	2.60	2.49	2.40	2.34	2.28
26	4.22	3.37	2.98	2.74	2.59	2.47	2.39	2.32	2.27
27	4.21	3.35	2.96	2.73	2.57	2.46	2.37	2.30	2.25
28	4.20	3.34	2.95	2.71	2.56	2.44	2.36	2.29	2.24
29	4.18	3.33	2.93	2.70	2.55	2.43	2.35	2.28	2.22
30	4.17	3.32	2.92	2.69	2.53	2.42	2.33	2.27	2.21
40	4.08	3.23	2.84	2.61	2.45	2.34	2.25	2.18	2.12
60	4.00	3.15	2.76	2.53	2.37	2.25	2.17	2.10	2.04
120	3.92	30.7	2.68	2.45	2.29	2.17	2.09	2.02	1.96
∞	3.84	3.00	2.60	2.37	2.21	2.10	2.01	1.94	1.88

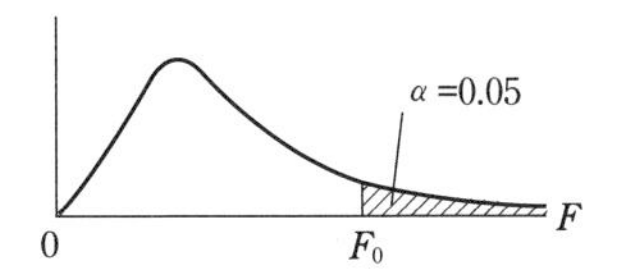

n \ m	10	12	15	20	30	40	60	120	∞
1	242.	244.	246.	248.	250.	251.	252.	253.	254.
2	19.4	19.4	19.4	19.4	19.5	19.5	19.5	19.5	19.5
3	8.79	8.74	8.70	8.66	8.62	8.59	8.57	8.55	8.53
4	5.96	5.91	5.86	5.80	5.75	5.72	5.69	5.66	5.63
5	4.74	4.68	4.62	4.56	4.50	4.46	4.43	4.40	4.36
6	4.06	4.00	3.94	3.87	3.81	3.77	3.74	3.70	3.67
7	3.64	3.57	3.51	3.44	3.38	3.34	3.30	3.27	3.23
8	3.35	3.28	3.22	3.15	3.08	3.04	3.01	2.97	2.93
9	3.14	3.07	3.01	2.94	2.86	2.83	2.79	2.75	2.71
10	2.98	2.91	2.85	2.77	2.70	2.66	2.62	2.58	2.54
11	2.85	2.79	2.72	2.65	2.57	2.53	2.49	2.45	2.40
12	2.75	2.69	2.62	2.54	2.47	2.43	2.38	2.34	2.30
13	2.67	2.60	2.53	2.46	2.38	2.34	2.30	2.25	2.21
14	2.60	2.53	2.46	2.39	2.31	2.27	2.22	2.18	2.13
15	2.54	2.48	2.40	2.33	2.25	2.20	2.16	2.11	2.07
16	2.49	2.42	2.35	2.28	2.19	2.15	2.11	2.06	2.01
17	2.45	2.38	2.31	2.23	2.15	2.10	2.06	2.01	1.96
18	2.41	2.34	2.27	2.19	2.11	2.06	2.02	1.97	1.92
19	2.38	2.31	2.23	2.16	2.07	2.03	1.98	1.93	1.88
20	2.35	2.28	2.20	2.12	2.04	1.99	1.95	1.90	1.84
21	2.32	2.25	2.18	2.10	2.01	1.96	1.92	1.87	1.81
22	2.30	2.23	2.15	2.07	1.98	1.94	1.89	1.84	1.78
23	2.27	2.20	2.13	2.05	1.96	1.91	1.86	1.81	1.76
24	2.25	2.18	2.11	2.03	1.94	1.89	1.84	1.79	1.73
25	2.24	2.16	2.09	2.01	1.92	1.87	1.82	1.77	1.71
26	2.22	2.15	2.07	1.99	1.90	1.85	1.80	1.75	1.69
27	2.20	2.13	2.06	1.97	1.88	1.84	1.79	1.73	1.67
28	2.19	2.12	2.04	1.96	1.87	1.82	1.77	1.71	1.65
29	2.18	2.10	2.03	1.94	1.85	1.81	1.75	1.70	1.64
30	2.16	2.09	2.01	1.93	1.84	1.79	1.74	1.68	1.62
40	2.08	2.00	1.92	1.84	1.74	1.69	1.64	1.58	1.51
60	1.99	1.92	1.84	1.75	1.65	1.59	1.53	1.47	1.39
120	1.91	1.83	1.75	1.66	1.55	1.50	1.43	1.35	1.25
∞	1.83	1.75	1.67	1.57	1.46	1.39	1.32	1.22	1.00

F 分布表(II)　($\alpha=0.025$)

自由度(m, n)；$P(F \geqq F_0)=0.025 \rightarrow F_0$ (m, n は $F \geqq 1$ となるように定める)

n \ m	1	2	3	4	5	6	7	8	9
1	648.	800.	864.	900.	922.	937.	948.	957.	963.
2	38.5	39.0	39.2	39.2	39.3	39.3	39.4	39.4	39.4
3	17.4	16.0	15.4	15.1	14.9	14.7	14.6	14.5	14.5
4	12.2	10.6	9.98	9.60	9.36	9.20	9.07	8.98	8.90
5	10.0	8.43	7.76	7.39	7.15	6.98	6.85	6.76	6.68
6	8.81	7.26	6.60	6.23	5.99	5.82	5.70	5.60	5.52
7	8.07	6.54	5.89	5.52	5.29	5.12	4.99	4.90	4.82
8	7.57	6.06	5.42	5.05	4.82	4.65	4.53	4.43	4.36
9	7.21	5.71	5.08	4.72	4.48	4.32	4.20	4.10	4.03
10	6.94	5.46	4.83	4.47	4.24	4.07	3.95	3.85	3.78
11	6.72	5.26	4.63	4.28	4.04	3.88	3.76	3.66	3.59
12	6.55	5.10	4.47	4.12	3.89	3.73	3.61	3.51	3.44
13	6.41	4.97	4.35	4.00	3.77	3.60	3.48	3.39	3.31
14	6.30	4.86	4.24	3.89	3.66	3.50	3.38	3.29	3.21
15	6.20	4.77	4.15	3.80	3.58	3.41	3.29	3.20	3.12
16	6.12	4.69	4.08	3.73	3.50	3.34	3.22	3.12	3.05
17	6.04	4.62	4.01	3.66	3.44	3.28	3.16	3.06	2.98
18	5.98	4.56	3.95	3.61	3.38	3.22	3.10	3.01	2.93
19	5.92	4.51	3.90	3.56	3.33	3.17	3.05	2.96	2.88
20	5.87	4.46	3.86	3.51	3.29	3.13	3.01	2.91	2.84
21	5.83	4.42	3.82	3.48	3.25	3.09	2.97	2.87	2.80
22	5.79	4.38	3.78	3.44	3.22	3.05	2.93	2.84	2.76
23	5.75	4.35	3.75	3.41	3.18	3.02	2.90	2.81	2.73
24	5.72	4.32	3.72	3.38	3.15	2.99	2.87	2.78	2.70
25	5.69	4.29	3.69	3.35	3.13	2.97	2.85	2.75	2.68
26	5.66	4.27	3.67	3.33	3.10	2.94	2.82	2.73	2.65
27	5.63	4.24	3.65	3.31	3.08	2.92	2.80	2.71	2.63
28	5.61	4.22	3.63	3.29	3.06	2.90	2.78	2.69	2.61
29	5.59	4.20	3.61	3.27	3.04	2.88	2.76	2.67	2.59
30	5.57	4.18	3.59	3.25	3.03	2.87	2.75	2.65	2.57
40	5.42	4.05	3.46	3.13	2.90	2.74	2.62	2.53	2.45
60	5.29	3.93	3.34	3.01	2.79	2.63	2.51	2.41	2.33
120	5.15	3.80	3.23	2.89	2.67	2.52	2.39	2.30	2.22
∞	5.02	3.69	3.12	2.79	2.57	2.41	2.29	2.19	2.11

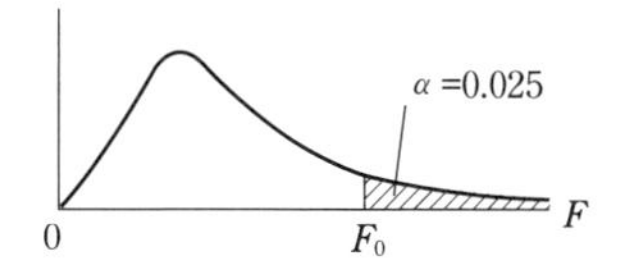

n \ m	10	12	15	20	30	40	60	120	∞
1	969.	977.	985.	993.	1000.	1010.	1010.	1010.	1020.
2	39.4	39.4	39.4	39.4	39.5	39.5	39.5	39.5	39.5
3	14.4	14.3	14.3	14.2	14.1	14.0	14.0	13.9	13.9
4	8.84	8.75	8.66	8.56	8.46	8.41	8.36	8.31	8.26
5	6.62	6.52	6.43	6.33	6.23	6.18	6.12	6.07	6.02
6	5.46	5.37	5.27	5.17	5.07	5.01	4.96	4.90	4.85
7	4.76	4.67	4.57	4.47	4.36	4.31	4.25	4.20	4.14
8	4.30	4.20	4.10	4.00	3.89	3.84	3.78	3.73	3.67
9	3.96	3.87	3.77	3.67	3.56	3.51	3.45	3.39	3.33
10	3.72	3.62	3.52	3.42	3.31	3.26	3.20	3.14	3,08
11	3.53	3.43	3.33	3.23	3.12	3.06	3.00	2.94	2.88
12	3.37	3.28	3.18	3.07	2.96	2.91	2.85	2.79	2.72
13	3.25	3.15	3.05	2.95	2.84	2.78	2.72	2.66	2.60
14	3.15	3.05	2.95	2.84	2.73	2.67	2.61	2.55	2.49
15	3.06	2.96	2.86	2.76	2.64	2.59	2.52	2.46	2.40
16	2.99	2.89	2.79	2.68	2.57	2.51	2.45	2.38	2.32
17	2.92	2.82	2.72	2.62	2.50	2.44	2.38	2.32	2.25
18	2.87	2.77	2.67	2.56	2.44	2.38	2.32	2.26	2.19
19	2.82	2.72	2.62	2.51	2.39	2.33	2.27	2.20	2.13
20	2.77	2.68	2.57	2.46	2.35	2.29	2.22	2.16	2.09
21	2.73	2.64	2.53	2.42	2.31	2.25	2.18	2.11	2.04
22	2.70	2.60	2.50	2.39	2.27	2.21	2.14	2.08	2.00
23	2.67	2.57	2.47	2.36	2.24	2.18	2.11	2.04	1.97
24	2.64	2.54	2.44	2.33	2.21	2.15	2.08	2.01	1.94
25	2.61	2.51	2.41	2.30	2.18	2.12	2.05	1.98	1.91
26	2.59	2.49	2.39	2.28	2.16	2.09	2.03	1.95	1.88
27	2.57	2.47	2.36	2.25	2.13	2.07	2.00	1.93	1.85
28	2.55	2.45	2.34	2.23	2.11	2.05	1.98	1.91	1.83
29	2.53	2.43	2.32	2.21	2.09	2.03	1.96	1.89	1.81
30	2.51	2.41	2.31	2.20	2.07	2.01	1.94	1.87	1.79
40	2.39	2.29	2.18	2.07	1.94	1.88	1.80	1.72	1.64
60	2.27	2.17	2.06	1.94	1.82	1.74	1.67	1.58	1.48
120	2.16	2.05	1.94	1.82	1.69	1.61	1.53	1.43	1.31
∞	2.05	1.94	1.83	1.71	1.57	1.48	1.39	1.27	1.00

演習問題の解答

1.1 $\bar{x}=\frac{1}{5}(4+8+10+12+16)=10.0$

$s^2=\frac{1}{5}(4^2+8^2+10^2+12^2+16^2)-10^2=16.0$

または

$s^2=\frac{1}{5}\{(4-10)^2+(8-10)^2+(10-10)^2+(12-10)^2+(16-10)^2\}$

$=\frac{1}{5}\times 80=16.0$

$s=\sqrt{s^2}=\sqrt{16.0}=4.0$

1.2 $\bar{x}_A=64.75\cdots\fallingdotseq 64.8$　　$\bar{x}_B=65.0$　　$s_A^2=147.438$　　$s_B^2=60$

$s_A=\sqrt{147.438}=12.142\cdots\fallingdotseq 12.1$　　$s_B=\sqrt{60}=7.745\cdots\fallingdotseq 7.7$

1.3

	x_i	y_i	$x_i-\bar{x}$	$(x_i-\bar{x})^2$	$y_i-\bar{y}$	$(y_i-\bar{y})^2$	$(x_i-\bar{x})(y_i-\bar{y})$
	6	5	0	0	0	0	0
	7	6	1	1	1	1	1
	4	4	−2	4	−1	1	2
	5	4	−1	1	−1	1	1
	8	6	2	4	1	1	2
計	30	25		10		4	6

$\bar{x}=\frac{1}{5}\times 30=6.0$　　$\bar{y}=\frac{1}{5}\times 25=5.0$

$s_x^2=\frac{1}{5}\times 10=2.0$　　$s_y^2=\frac{1}{5}\times 4=\frac{4}{5}=0.8$

$s_x=\sqrt{2}=1.414\cdots\fallingdotseq 1.4$　　$s_y=\sqrt{\frac{4}{5}}=\frac{2}{\sqrt{5}}=\frac{2}{5}\sqrt{5}=0.894\cdots\fallingdotseq 0.9$

$s_{xy}=\frac{1}{5}\times 6=\frac{6}{5}=1.2$

$r=\frac{6}{\sqrt{10\times 4}}=\frac{3\sqrt{10}}{10}=\frac{9.486\cdots}{10}\fallingdotseq 0.949$

1. 4

ペア番号	x_i	y_i	$x_i-\bar{x}$	$y_i-\bar{y}$	$(x_i-\bar{x})(y_i-\bar{y})$	$(x_i-\bar{x})^2$
1	480	120	−215	−83	17845	46225
2	650	190	−45	−13	585	2025
3	760	210	65	7	455	4225
4	560	200	−135	−3	405	18225
5	480	190	−215	−13	2795	46225
6	680	230	−15	27	−405	225
7	710	175	15	−28	−420	225
8	390	165	−305	−38	11590	93025
9	980	200	285	−3	−855	81225
10	1100	320	405	117	47385	164025
11	880	195	185	−8	−1480	34225
12	490	170	−205	−33	6765	42025
13	760	270	65	67	4355	4225
14	580	150	−115	−53	6095	13225
15	925	260	230	57	13110	52900
合計	10425	3045			108225	602250
平均	695	203			7215	40150

$$b=\frac{\sum_{i=1}^{15}(x_i-\bar{x})(y_i-\bar{y})}{\sum_{i=1}^{15}(x_i-\bar{x})^2}=\frac{108225}{602250}=0.1797\cdots\fallingdotseq 0.180$$

$$a=\bar{y}-b\bar{x}=203-\frac{108225}{602250}\times 695=78.10\cdots\fallingdotseq 78.1$$

回帰直線：$y=78.1+0.180x$

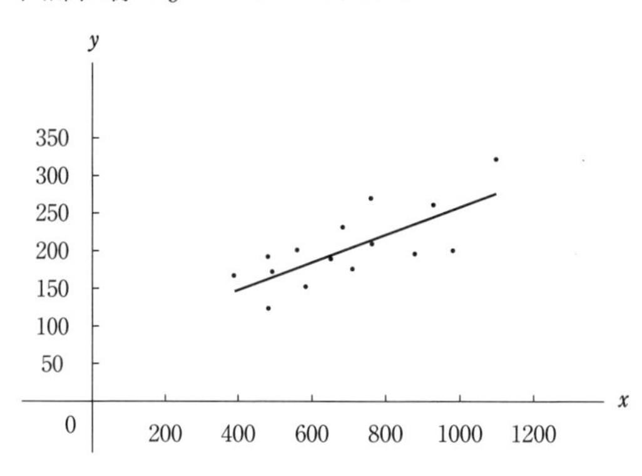

2. 1 $A=\{1,\ 2,\ 3,\ 4\}$, $B=\{2,\ 4,\ 6,\ 8\}$, $C=\{2,\ 3,\ 5,\ 7\}$ より

(1) $A\cup B=\{1,\ 2,\ 3,\ 4,\ 6,\ 8\}$ なので $\mathrm{P}\{A\cup B\}=\frac{6}{8}=\frac{3}{4}$

(2)　$A \cap C = \{2, 3\}$　なので　$P\{A \cap C\} = \frac{2}{8} = \frac{1}{4}$

(3)　$B \cup C^c = \{1, 2, 4, 6, 8\}$　なので　$P\{B \cup C^c\} = \frac{5}{8}$

(4)　$P\{C\} = \frac{1}{2}$　より　$P\{A|C\} = \frac{P\{A \cap C\}}{P\{C\}} = \frac{1}{2}$

2.2　A を「A新聞をとっている」という事象，B を「B新聞とっている」という事象とする．題意より

$P\{A\} = 0.65$　　$P\{A \cap B\} = 0.15$　　$P\{A \cup B\} = 0.85$

である．

(1)　和事象の法則より

$P\{B\} = P\{A \cup B\} - P\{A\} + P\{A \cap B\} = 0.85 - 0.65 + 0.15 = 0.35$

(2)　求める確率は

$P\{A \cup B\} - P\{A \cap B\} = 0.85 - 0.15 = 0.7$

(3)　$A \cup B$ の余事象より

$P\{(A \cup B)^c\} = 1 - P\{A \cup B\} = 1 - 0.85 = 0.15$

(4)　$P\{A^c \cap B\} = P\{B\} - P\{A \cap B\} = 0.35 - 0.15 = 0.2$

2.3　事象をそれぞれ以下のように設定する．

A：偶数がでる．　W：白がでる．　R：赤がでる．　F：4がでる．

(1)　偶数は8個中4個より $P\{A\} = \frac{1}{2}$ である．また偶数かつ白といえば6番と8番なので $P\{A \cap W\} = \frac{2}{8}$ となる．よって求める確率は

$P\{W|A\} = \frac{P\{A \cap W\}}{P\{A\}} = \frac{1}{2}$

(2)　白は8個中3個より $P\{A\} = \frac{3}{8}$ である．よって求める確率は

$P(A|W) = \frac{P\{A \cap W\}}{P\{W\}} = \frac{2}{3}$

(3)　「赤または偶数」は1, 2, 3, 4, 5, 6, 8の7個より $P\{A \cup R\} = \frac{7}{8}$ である．ここで $A \cup R \supset F$ より求める確率は

$P\{F|A \cup R\} = \frac{P\{F \cap (A \cup R)\}}{P\{A \cup R\}} = \frac{P\{F\}}{P\{A \cup R\}} = \frac{1}{7}$

2.4 (1) 求める確率は

$$\frac{1}{3}\times\frac{1}{3}\times\frac{1}{3}\times\frac{2}{3}\times\frac{2}{3}=\frac{4}{243}$$

(2) 成功の回数を X とすると，X は二項分布 $B(5,\ 1/3)$ に従う確率変数となる．よって求める確率は

$$\mathrm{P}(X=3)=\binom{5}{3}\left(\frac{1}{3}\right)^3\left(\frac{2}{3}\right)^2=\frac{40}{243}$$

(3) 求める確率は

$$\mathrm{P}(X\leqq 1)=1-\mathrm{P}(X=0)=1-\binom{5}{0}\left(\frac{1}{3}\right)^0\left(\frac{2}{3}\right)^5=\frac{211}{243}$$

2.5 (1) $k=1-\dfrac{1}{4}-\dfrac{1}{3}=\dfrac{5}{12}$

(2)
$$\begin{aligned}\mathrm{P}\{X^2-2X-3\leqq 0\}&=\mathrm{P}\{(X+1)(X-3)\leqq 0\}=\mathrm{P}\{-1\leqq X\leqq 3\}\\&=\mathrm{P}\{X=1\}+\mathrm{P}\{X=3\}=\frac{7}{12}\end{aligned}$$

(3) $E(X)=3\times\dfrac{1}{4}+1\times\dfrac{1}{3}+(-2)\times\dfrac{5}{12}=\dfrac{1}{4}$

(4) $E(X^2)=3^2\times\dfrac{1}{4}+1^2\times\dfrac{1}{3}+(-2)^2\times\dfrac{5}{12}=\dfrac{17}{4}$　より

$$V(X)=E(X^2)-\{E(X)\}^2=\frac{17}{4}-\frac{1}{16}=\frac{67}{16}$$

(5) $V(aX+b)=a^2V(X)=1$　より

$$a=\frac{4}{\sqrt{67}}$$

また　$E(aX+b)=aE(X)+b=0$　より

$$b=-\frac{1}{\sqrt{67}}$$

2.6 (1) $\displaystyle\int_0^2 f(x)dx=1$ と $E(X)=\displaystyle\int_0^2 xf(x)dx=\frac{6}{5}$ の連立方程式を解いて

$$a=\frac{3}{4}\qquad b=2$$

(2) $E(X^2)=\dfrac{8}{5}$ より

$$V(X)=E(X^2)-\{E(X)\}^2=\frac{8}{5}-\frac{36}{25}=\frac{4}{25}$$

2.7 (1) 0.5899　(2) 0.1112　(3) 0.3707　(4) 0.9083

2.8 (1) $-1.6449 \times 10 + 50 \fallingdotseq 33.6$　(2) $0.6433 \times 10 + 50 \fallingdotseq 56.4$

(3) $\mathrm{P}(X \leqq 72) = \mathrm{P}(Z \leqq 2.2)$，$\mathrm{P}(0 \leqq Z \leqq 2.2) = 0.4861$，$\mathrm{P}\left(0 \leqq Z \leqq \frac{a-50}{10}\right) = 0.3861$ となる a を求めると $a = 1.2055 \times 10 + 50 \fallingdotseq 62.1$

2.9 $E(aX+b) = \sum_{i=1}^{n}(ax_i + b)p_i = \sum_{i=1}^{n}(ax_ip_i + bp_i)$

$$= a\sum_{i=1}^{n}x_ip_i + b\sum_{i=1}^{n}p_i = aE(X) + b$$

$\mu = E(X)$ と置く

$V(aX+b) = \sum_{i=1}^{n}\{(ax_i + b) - (a\mu + b)\}^2 p_i = \sum_{i=1}^{n}(ax_i - a\mu)^2 p_i$

$$= a^2\sum_{i-1}^{n}(x_i - \mu)^2 p_i = a^2 V(X)$$

3.1 $\bar{X} \sim N(50, \frac{10^2}{25}) = N(50, 4)$ より

(1) $\mathrm{P}\{49 < \bar{X} < 51\} = \mathrm{P}\left\{\frac{49-50}{2} < \frac{\bar{X}-50}{2} < \frac{51-50}{2}\right\}$

$$= \mathrm{P}\{-0.5 < Z < 0.5\} = 0.3830$$

(2) $\mathrm{P}\{\bar{X} < 44\} = \mathrm{P}\{Z < -3\} = 0.0013$

(3) $\mathrm{P}\{|\bar{X} - 48| < 1\} = \mathrm{P}\{-1 < \bar{X} - 48 < 1\} = \mathrm{P}\{-3 < \bar{X} - 50 < -1\}$

$$= \mathrm{P}\{-1.5 < Z < -0.5\} = 0.2417$$

(4) $\mathrm{P}\{\bar{X} > 55\} = \mathrm{P}\left\{\frac{\bar{X}-50}{2} > \frac{55-50}{2}\right\} = \mathrm{P}\{Z > 2.5\} = 0.0062$

3.2 (1) 25.0　(2) 30.6

3.3 (1) 2.23　(2) −1.81

3.4 $\bar{X} \sim N(172, 7^2/16) = N(172, (7/4)^2)$ より求める確率は

$\mathrm{P}\{\bar{X} \geqq 172 + 1\} = \mathrm{P}\{Z \geqq 4/7\} = 0.2843$

3.5 X を表の出る回数とすると，$X \sim B(1600, 1/2)$ となる．

$E(X) = 1600 \times 1/2 = 800$，$V(X) = 1600 \times 1/2 \times 1/2 = 400$ より $Z = \frac{X - 800}{\sqrt{400}}$ は近似的に標準正規分布 $N(0, 1)$ に従う．よって

$\mathrm{P}\{X \geqq 800 + 30\} = \mathrm{P}\{Z \geqq 3/2\} = 0.0668$

3.6 $nS^2=\sum_{i=1}^{n}(X_i-\bar{X})^2=\sum_{i=1}^{n}\{(X_i-\mu)-(\bar{X}-\mu)\}^2$

$$=\sum_{i=1}^{n}(X_i-\mu)^2-n(\bar{X}-\mu)^2$$

この両辺を σ^2 で割ると

$$\sum_{i=1}^{n}\left(\frac{X_i-\mu}{\sigma}\right)^2=\frac{nS^2}{\sigma^2}+\left(\frac{\bar{X}-\mu}{\frac{\sigma}{\sqrt{n}}}\right)^2$$

ここで，$\dfrac{X_i-\mu}{\sigma}$ は $N(0,\ 1)$ に従うので，左辺の $\sum_{i=1}^{n}\left(\dfrac{X_i-\mu}{\sigma}\right)^2$ は自由度 n の χ^2 分布に従う．また $\dfrac{\bar{X}-\mu}{\sigma/\sqrt{n}}$ は $N(0,\ 1)$ に従うので $\left(\dfrac{\bar{X}-\mu}{\sigma/\sqrt{n}}\right)^2$ は自由度 1 の χ^2 分布に従う．χ^2 分布の再生性により $\dfrac{nS^2}{\sigma^2}$ は自由度 $n-1$ の χ^2 分布に従う．

3.7 $\mathrm{P}(F_{m,n}\geqq F_{m,n}(\alpha))=\alpha$

これより

$$\mathrm{P}\left(\frac{1}{F_{m,n}}\leqq\frac{1}{F_{m,n}(\alpha)}\right)=\alpha$$

である．また式 (3.11) より

$$\frac{1}{F_{m,n}}=F_{n,m}$$

より

$$\mathrm{P}\left(F_{n,m}\leqq\frac{1}{F_{m,n}(\alpha)}\right)=\alpha$$

$$\mathrm{P}\left(F_{n,m}\geqq\frac{1}{F_{m,n}(\alpha)}\right)=1-\alpha$$

これより $1/F_{m,n}(\alpha)=F_{n,m}(1-\alpha)$

4.1 (1) σ 未知であるから，

(i) $T=\dfrac{\bar{X}-\mu}{S/\sqrt{n-1}}$ は自由度 $n-1=4$ の t 分布に従うことを用いる．

(ii) t 分布表から，自由度 4 の t 分布の両側 5 %点を求める．

$t_4(0.05)=2.78$

(iii) $\mathrm{P}\left\{-2.78<\dfrac{\bar{X}-\mu}{S/\sqrt{5-1}}<2.78\right\}=0.95$

(iv)　$\bar{x}=12.28$，$s^2=0.0136$ より，母平均 μ の 95 %信頼区間は次のように得られる．

$$\left(\bar{x}-2.78\frac{s}{\sqrt{4}},\ \bar{x}+2.78\frac{s}{\sqrt{4}}\right)=$$

$$\left(12.28-2.78\frac{\sqrt{0.0136}}{\sqrt{4}},\ 12.28+2.78\frac{\sqrt{0.0136}}{\sqrt{4}}\right)\fallingdotseq(12.12,\ 12.44)$$

(2)　$\sigma=1$ 既知であるから，

(i)　$Z=\dfrac{\bar{X}-\mu}{\sigma/\sqrt{n}}$ は $N(0,\ 1)$ に従うことを用いる．

(ii)　$N(0,\ 1)$ 表より値を求める．$z_{0.025}=1.96$

(iii)　$\mathrm{P}\left\{-1.96<\dfrac{\bar{X}-\mu}{\sigma/\sqrt{n}}<1.96\right\}=0.95$

(iv)　$\bar{x}=12.28$ より母平均 μ の 95 %信頼区間は次のように得られる．

$$\left(\bar{x}-1.96\frac{\sigma}{\sqrt{n}},\ \bar{x}+1.96\frac{\sigma}{\sqrt{n}}\right)=$$

$$\left(12.28-1.96\frac{1}{\sqrt{5}},\ 12.28+1.96\frac{1}{\sqrt{5}}\right)\fallingdotseq(11.40,\ 13.16)$$

4.2　$\bar{x}=170.8$ で $z_{0.025}=1.96$ より，母平均 μ の 95 %信頼区間は次のように得られる．

$$\left(\bar{x}-\frac{1.96}{\sqrt{n}}\sigma,\ \bar{x}+\frac{1.96}{\sqrt{n}}\sigma\right)=\left(170.8-\frac{1.96}{\sqrt{5}}5,\ 170.8+\frac{1.96}{\sqrt{5}}5\right)$$

$$=(166.417\cdots,\ 175.183\cdots)\fallingdotseq(166.4,\ 175.2)$$

4.3　誤差の許容限度は $e=\dfrac{1.96}{\sqrt{n}}5$ より $e<2$ となる標本の大きさは

$$n>\left(\frac{1.96\times5}{2}\right)^2=24.01$$

これより 25 以上の標本の大きさが必要である．

4.4　$\bar{x}=2.290$，$s^2=0.0457$ で $t_{5-1}(0.05)=t_4(0.05)=2.78$ より母平均 μ の 95 %信頼区間は次のように得られる．

$$\left(\bar{x}-2.78\frac{s}{\sqrt{n-1}},\ \bar{x}+2.78\frac{s}{\sqrt{n-1}}\right)$$

$$=\left(2.29-2.78\frac{\sqrt{0.0457}}{\sqrt{4}},\ 2.29+2.78\frac{\sqrt{0.0457}}{\sqrt{4}}\right)\fallingdotseq(1.993,\ 2.587)$$

4.5　$\bar{p}=0.36$ で $z_{0.025}=1.96$ より母比率 p の 95 %信頼区間は次のように得ら

れる．

$$\left(\bar{p}-1.96\sqrt{\frac{\bar{p}(1-\bar{p})}{n}},\ \bar{p}+1.96\sqrt{\frac{\bar{p}(1-\bar{p})}{n}}\right)$$

$$=\left(0.36-1.96\sqrt{\frac{0.36\times 0.64}{100}},\ 0.36+1.96\sqrt{\frac{0.36\times 0.64}{100}}\right)$$

$$=(0.2659\cdots,\ 0.4540\cdots)\fallingdotseq(0.266,\ 0.454)$$

4.6 $\bar{x}=12.2$，$s^2=2.96$ で $\chi_4^2(0.025)=11.14$，$\chi_4^2(0.975)=0.484$ より，母分散 σ^2 の 95 %信頼区間は次のように得られる．

$$\left(\frac{ns^2}{\chi_4^2(0.025)},\ \frac{ns^2}{\chi_4^2(0.975)}\right)=\left(\frac{5\times 2.96}{11.14},\ \frac{5\times 2.96}{0.484}\right)$$

$$=(1.3285\cdots,\ 30.5785\cdots)\fallingdotseq(1.33,\ 30.58)$$

4.7 $$E(S^2)=E\left(\frac{\sum_{i=1}^{n}(X_i-\bar{x})^2}{n}\right)=E\left(\frac{1}{n}\sum_{i=1}^{n}((X_i-\mu)+(\mu-\bar{X}))^2\right)$$

$$=E\left(\frac{1}{n}\sum_{i=1}^{n}(X_i-\mu)^2-(\bar{X}-\mu)^2\right)$$

$$=\frac{1}{n}\sum_{i=1}^{n}E((X_i-\mu)^2)-E((\bar{X}-\mu)^2)$$

ここで $E((X_i-\mu)^2)=\sigma^2$，$E((\bar{X}-\mu)^2)=\sigma^2/n$ であることを考えれば

$$E(S^2)=\sigma^2-\frac{\sigma^2}{n}=\frac{n-1}{n}\sigma^2$$

これより $E(S^2)\neq\sigma^2$ である．したがって，標本分散 S^2 は母分散 σ^2 の不偏推定量にならない．そこで

$$U^2=\frac{n}{n-1}S^2=\frac{\sum_{i=1}^{n}(X_i-\bar{X})^2}{n-1}$$

は $E(U^2)=\sigma^2$ であるから，U^2 は母分散 σ^2 の不偏推定量になる．

5.1 $n=10$，$\bar{x}=60.4$，$s=3.0$，$\alpha=0.01$

(1) (i) 仮説　$H_0:\mu=\mu_0=60.0$，$H_1:\mu\neq\mu_0=60.0$　(両側検定)

(ii) 検定統計量 σ が未知であるので，H_0 の下で $T=\dfrac{\bar{X}-\mu_0}{S/\sqrt{n-1}}$ は自由度 9 の t 分布に従う．

(iii) t 分布表より，$\alpha=0.01$ に対する棄却域 $R=(-\infty,\ -3.25)\cup(3.25,\ \infty)$ である．

(iv)　T の実現値 T_0 を計算して，$T_0=\dfrac{60.4-60.0}{3/\sqrt{9}}=0.4$．よって H_0：$\mu=60.0$ は棄却されない．

(2)　$\sigma^2=10$　(既知)

(i)　仮説　H_0：$\mu=\mu_0=60.0$，H_1：$\mu=61.0$　(右片側検定)

(ii)　H_0 の下で検定統計量 $Z=\dfrac{\bar{X}-\mu_0}{\sigma/\sqrt{n}}$ は $N(0,\ 1)$ に従う．

(iii)　$N(0,\ 1)$ 表より，$\alpha=0.01$ に対する右片側検定より，棄却域 $R=(2.3263,\ \infty)$ である．

(iv)　Z の実現値 Z_0 を計算して，$Z_0=\dfrac{60.4-60.0}{\sqrt{10}/\sqrt{10}}=0.4$．よって H_0：$\mu=60.0$ は棄却されない．

5.2　A：両側検定　　B：片側検定　　C：両側検定

5.3　(i)　仮説　H_0：$\mu=\mu_0=200\text{g}$，H_1：$\mu<\mu_0=200\text{g}$

(ii)　H_0 の下で検定統計量

$$Z=\frac{\bar{X}-\mu_0}{\dfrac{\sigma}{\sqrt{n}}}$$

は $N(0,\ 1)$ に従う．

(iii)　$N(0,\ 1)$ 表より，$-z_{0.05}=-1.6449$ より，$\alpha=0.05$ に対する棄却域は $R=(-\infty,\ -1.645)$ である．

(iv)　Z の実現値は

$$Z_0=\frac{180-200}{\dfrac{40}{\sqrt{16}}}=-2$$

$Z_0<-1.6449$ より Z_0 は棄却域に入り，H_0 は棄却される．つまりいちごの重さはいつもより軽いと考えられる．

5.4　(1)　仮説　H_0：$\mu=\mu_0=15\text{mm}$　H_1：$\mu\neq\mu_0=15\text{mm}$

H_0 の下で検定統計量

$$T=\frac{\bar{X}-\mu_0}{\dfrac{S}{\sqrt{n-1}}}$$

は自由度 $9-1=8$ の t 分布に従う．t 分布表より $\alpha=0.05$ に対する棄却域は $t_8(0.05)=2.31$ より $R=(-\infty,\ -2.31)\cup(2.31,\ \infty)$ である．

$\bar{x}=15.8$，$s^2=15.402$ より T の実現値は

$$T_0=\frac{15.8-15}{\frac{\sqrt{15.402}}{\sqrt{8}}}=0.577$$

$-2.31<T_0<2.31$ より T_0 は棄却域に入らず H_0 は棄却されない．つまり平均は 15 mm であることを否定できない．

(2) 仮説　$H_0：\sigma^2=\sigma_0^2=4$　$H_1：\sigma^2\neq\sigma_0^2=4$

H_0 の下で検定統計量

$$\chi^2=\frac{nS^2}{\sigma_0^2}$$

は自由度 $9-1=8$ の χ^2 分布に従う．χ^2 分布表より，$\alpha=0.05$ に対する棄却域は $\chi_8^2(0.975)=2.18$，$\chi_8^2(0.025)=17.53$ より $R=(0,\ 2.18)\cup(17.53,\ \infty)$ である．$s^2=15.402$より χ^2 の実現値は

$$\chi_0^2=\frac{9\times15.402}{4}=34.655$$

$\chi_0^2>17.53$ より χ_0^2 は棄却域に入り H_0 は棄却される．つまり分散は 4 ではないと判断できる．

5.5 仮説　H_0：当てる確率 $p=p_0=0.5$　H_1：当てる確率$p>p_0=0.5$

について検定を行う．H_0 の下で検定統計量

$$Z=\frac{\bar{p}-p_0}{\sqrt{\frac{p_0(1-p_0)}{n}}}$$

は n が十分大きいとき近似的に $N(0,\ 1)$ に従う．$N(0,\ 1)$ 表より $\alpha=0.01$ に対する棄却域は $z_{0.01}=2.3263$ より $R=(2.3263,\ \infty)$ である．$\bar{p}=33/52$ より Z の実現値は

$$Z_0=\frac{33/52-0.5}{\sqrt{\frac{0.5(1-0.5)}{52}}}=1.941$$

$Z_0<2.3263$ より Z_0 は棄却域に入らず H_0 は棄却されない．つまり超能力をもっているとはいえない．

5.6 (1) 仮説　$H_0：\sigma_1^2=\sigma_2^2$　　　$H_1：\sigma_1^2\neq\sigma_2^2$

特殊栽培のネギの標本平均の実現値と標本不偏分散の実現値は $\bar{x}=167$ および $u_1^2=20.4$ が得られ，普通栽培のネギの標本平均の実現値と標本

不偏分散の実現値は $\bar{y}=160$ および $u_2^2=23.5$ が得られる．ここで，H_0 の下で検定統計量

$$F=\frac{U_2^2}{U_1^2}$$

は自由度 (4, 5) の F 分布に従う．F 分布表より，$\alpha=0.05$ に対する棄却域は $F_{4,5}(0.025)=7.39$ より $R=(7.39, \infty)$ である．F の実現値は $F_0=u_1^2/u_2^2=23.5/20.4=1.152$ で $F_0=1.152<7.388$ より，F_0 は棄却域に入らず，H_0 は棄却されない．つまり分散に差がないことを否定できない．

(2) 仮説　$H_0：\mu_1=\mu_2$　　　$H_1：\mu_1\neq\mu_2$

特殊栽培のネギの標本平均の実現値と標本分散の実現値は $\bar{x}=167$ および $s_1^2=17$ が得られ，普通栽培のネギの標本平均の実現値と標本分散の実現値は $\bar{y}=160$ および $s_2^2=18.8$ が得られる．ここで，H_0 の下で検定統計量

$$T=\frac{\bar{X}-\bar{Y}}{\sqrt{6S_1^2+5S_2^2}}\sqrt{\frac{6\cdot5(6+5-2)}{6+5}}$$

は自由度 9 の t 分布に従う．t 分布表より，$\alpha=0.05$ に対する棄却域は $t_9(0.05)=2.26$ より $R=(-\infty, -2.26)\cup(2.26, \infty)$ である．T の実現値は

$$T_0=\frac{167-160}{\sqrt{102+94}}\sqrt{\frac{270}{11}}=2.477$$

で $T_0=2.477>2.26$ より，T_0 は棄却域に入り，H_0 は棄却される．つまり 2 平均間に有意な差があるといえる．

5.7 仮説　H_0：この都市の支持率の分布は世論調査と同じである

について検定を行う．H_0 が正しいとしたときの各政党の理論度数は以下の通り．

	A党	B党	C党	D党	その他
期待度数	$200\times0.3=60$	$200\times0.15=30$	$200\times0.1=20$	$200\times0.05=10$	$200\times0.4=80$

H_0 の下で $\chi^2=\sum_{i=1}^{5}\frac{(n_i-np_i)^2}{np_i}$ は n が十分大きいとき，近似的に自由度 $m-1=4$ の χ^2 分布に従う．

χ^2 分布表より，$\alpha=0.05$ に対する棄却域は $\chi_4^2(0.05)=9.49$ より $R=$

$(9.49,\ \infty)$ である．

$$\chi_0^2=\frac{(74-60)^2}{60}+\frac{(39-30)^2}{30}+\frac{(18-20)^2}{20}+\frac{(7-10)^2}{10}+\frac{(62-80)^2}{80}$$

$$=11.117$$

で，$\chi_0^2>9.49$ より χ^2 は棄却域に入るので H_0 は棄却される．

5.8 仮説　H_0：予防注射と発病は無関係 (独立)

について検定を行う．H_0 が正しいとしたときの各カテゴリーの理論度数の推定値は以下の通り．

	発病した	発病しない	計
受けない	$300\times\frac{120}{300}\times\frac{80}{300}=32$	$300\times\frac{120}{300}\times\frac{220}{300}=88$	120
受けた	$300\times\frac{180}{300}\times\frac{80}{300}=48$	$300\times\frac{180}{300}\times\frac{220}{300}=132$	180
計	80	220	300

H_0 の下で $\chi^2=\sum_{i=1}^{2}\sum_{j=1}^{2}\frac{(n_{ij}-\hat{n}_{ij})^2}{\hat{n}_{ij}}$ は n が十分大きいとき，近似的に自由度 1 の χ^2 分布に従う．

χ^2 分布表より，$\alpha=0.05$ に対する棄却域は $R=(3.84,\ \infty)$ である．

$$\chi_0^2=\frac{(62-32)^2}{32}+\frac{(58-88)^2}{88}+\frac{(18-48)^2}{48}+\frac{(162-132)^2}{132}=63.918$$

で，$\chi_0^2>3.84$ より χ^2 は棄却域に入るため H_0 は棄却される．つまり予防注射にはなんらかの効果があると考えられる．

事項索引

著者紹介

道家暎幸（どうけ　ひでゆき）

1944年生まれ
1973年　日本大学大学院理工学研究科修了
現　在　東海大学名誉教授

土井　誠（どい　まこと）

1948年生まれ
1973年　電気通信大学大学院電気通信学研究科修了
元東海大学理学部数学科教授

山本義郎（やまもと　よしろう）

1967年生まれ
1998年　岡山大学大学院自然科学研究科修了
現　在　東海大学理学部数学科教授

確率統計序論（かくりつとうけいじょろん）　**第三版**（だいさんぱん）

2016年11月20日　第3版第1刷発行
2023年2月20日　第3版第7刷発行

著　者　道家暎幸・土井　誠
山本義郎

発行者　村田信一

発行所　東海大学出版部
〒259-1292 神奈川県平塚市北金目4-1-1
電話・0463(58)7811　振替・00100-5-46614
URL　https://www.u-tokai.ac.jp/network/publishing-department/

印刷所　港北メディアサービス株式会社
製本所　誠製本株式会社

乱丁・落丁本はお取替えいたします.

ISBN 978-4-486-02124-7